「脱炭素」は嘘だらけ

キヤノングローバル戦略研究所研究主幹
杉山大志

産經新聞出版

はじめに――CO_2ゼロは亡国の歌だ

従前は、地球温暖化問題といえば、環境の関係者だけに限られたマイナーな話題にすぎなかった。だがここ1、2年で状況は一変した。急進化した環境運動が日米欧の政治を乗っ取ることに成功したからだ。今や環境運動は巨大な魔物となり、自由諸国を弱体化させ、中国の台頭を招いて、日本という国の存在に関わる脅威になっている。

この事態の重大さを読者諸賢に伝えたいと願い、本書を書いた。

菅義偉首相が2020（令和2）年末に「日本は2050年までにCO_2（二酸化炭素）排出ゼロを目指す」と宣言して以来、あらゆる省庁、企業、政治家がこれに同調している。

CO_2の発生源となるのは石油、天然ガス、石炭などの化石燃料であるが、これは工場、オフィス、家庭、病院、レストランなど、あらゆる所で利用されている。CO_2ゼロというと、少し考えただけで、疑問は多々湧いてくる。

・そもそも、CO_2をゼロにすることなど、技術的に実現可能なのか?
・できるとしても、いったいいくらかかるのか?
・コストが嵩んで、日本の製造業は壊滅してしまうのではないか?
・CO_2をゼロにしないと、本当に災害が増えて破局に至るのか?
・温暖化対策などしている間に、中国に負けてしまうのではないか?
・アメリカも温暖化対策に本腰を入れているというが、近いうちにまた止めてしまうのではないか?
・テレビや新聞は政府の言っていることを垂れ流しているだけではないのか?
・日本の製造業が滅びないためには、どんな戦略が必要か?

本書は、ファクトベースでこういった疑問に答え、強力な同調圧力を伴って流布される「CO_2ゼロ」プロパガンダのフェイクぶりを暴露するものだ。

なお読みやすくするために、図表や数式は大半を省いた。より精密な検討に興味がある方は、巻末参考資料の拙著をご覧いただきたい。

＊

筆者は大学を出て就職して以来、一貫して温暖化問題を研究してきた。その間、国内の著名な研究所に勤務し、ＩＰＣＣ（気候変動に関する政府間パネル）等の国連機関や日本政府の審議会で委員になるなど、結構な肩書はいくつもあった。

だから今、個人的な名誉とか私利私欲の点で言えば、「CO_2ゼロ」という政策に水を差すのは全く愚かなことである。おとなしく同調しておけば、良い身分の御用学者として安穏と暮らすことができる。

だが筆者はそうしない。なぜなら「２０５０年CO_2ゼロ」などという極端な政策は、科学的にも、技術的にも、経済的にも、人道的にも間違っていると思うからだ。

筆者は高校・大学のとき物理学に傾倒したため、「科学者は嘘を言ってはいけない」という物理学者ファインマンの言葉を大事にしている。科学の真骨頂は、徹底してファクト（事実）に基づくことを武器として、権力や金に屈することなくその非を鳴らし、世界市民の幸せのために働くことだ。ガリレオもダーウィンもそうだった。

もちろん以上は青臭い議論であり、現実に事業や政治をする際には嘘も方便という点があることはよく承知している。けれども、あまりにもそればかりが過ぎて、誤った政策が改められることなく、結果として、日本という国が没落し、やがて自由、民主、平和といった、本当に大事なものが失われることを何よりも惧れる。

そんな危機感、義務感からこの本を書いた。多くの人が問題を共有し、声を上げ、行動してくれることを希望している。

なお本書は筆者個人の見解であり、いかなる団体の見解とも関係はない。

「脱炭素」は嘘だらけ

◎目次

第2章

脱炭素は国民経済を破壊する　87

第3章

地球温暖化のファクト 133

装　丁　神長文夫＋柏田幸子
ＤＴＰ　荒川典久
帯写真　共同通信社

序章 グリーンバブルは崩壊する

菅義偉総理大臣

「我が国は、2050年カーボンニュートラル、脱炭素社会の実現を目指すことを、ここに宣言いたします」

（2020年10月26日に召集された臨時国会での初めての所信表明演説）

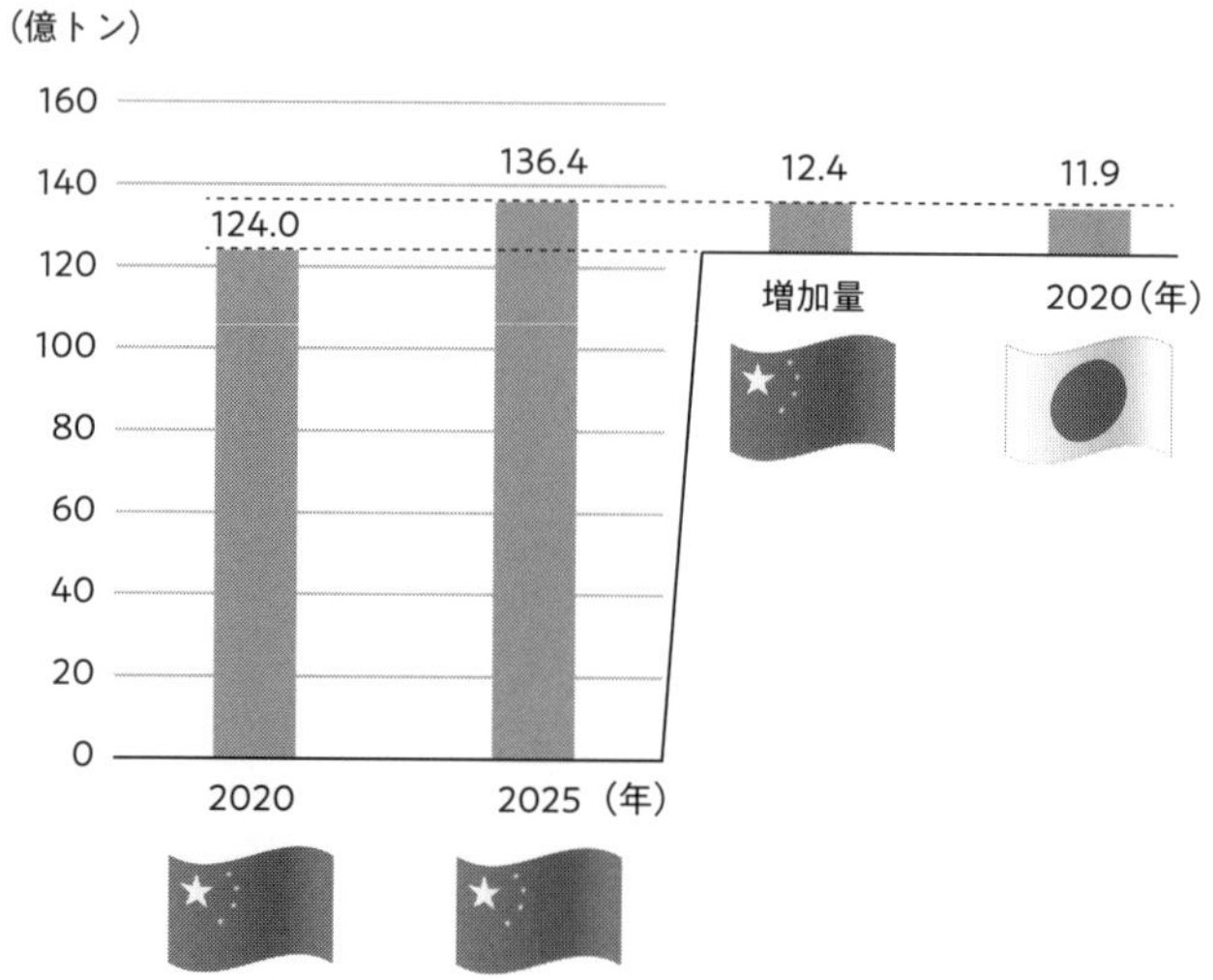

CO_2 等の温室効果ガス排出量の日中比較
(筆者作成、データは World Resources Institute より)

中国の現行の計画では、今後5年でCO_2等の温室効果ガス排出量は1割増える。この増分だけで日本の年間排出量約12億トンとほぼ同じだ。

日本は梯子を外される

２０２０年10月26日、菅義偉総理大臣は所信表明演説で「我が国は、２０５０年までに、（CO_2等の）温室効果ガスの排出を全体としてゼロにする」と宣言した。

そして日本政府は２０２０年12月、「グリーン成長戦略」を公表。そこでは経済と環境を両立させて「２０５０年までにCO_2排出の実質ゼロ」を目指すとしている。

さらに、米国が主催した２０２１年４月22日の気候サミットにおいて、菅首相は「２０３０年にCO_2等の温室効果ガスを２０１３年比で46％削減することを目指し、さらに50％の高みにむけて挑戦を続ける」とした。これは既存の目標である26％に20％以上も上乗せするものだ。

同サミットでは、先進国はいずれも２０３０年までに温室効果ガスをおおむね半減すると約束したのに対して、他の国々は米国が求めた目標の深掘りに応じず、先進国対途上国の対立が先鋭化することとなった。

日本が46％～50％としたのは、50％～52％とした米国に歩調を合せただけだ。日本はいつも米国と横並びだ。

１９９７年に京都議定書に合意した時は米国の７％より１％だけ少ない６％だった。

2015年にパリ協定（COP21で採択された地球温暖化防止に関する国際条約）に合意した時は米国と全く同じ26%だった。

いずれも、米国はいったん合意したが、やがて反故にした。歩調を合わせた日本は、二度も梯子を外されたのである。

今回も確実に梯子を外される。

なぜなら、米国議会のほぼ半分を占める共和党はそもそも「気候危機」なる説はフェイクだと知っている。のみならず、米国は世界一の産油国・産ガス国であり、民主党議員であっても自州のエネルギー産業のためには造反し、共和党議員と共に温暖化対策に反対票を投じる。

このため環境税や排出量取引などの規制は議会を通ることはない。米国はCO_2を大きく減らすことなどできないのだ。

なぜ米国は自分ができもしない目標にこだわったか。

それは「地球の気候は危機に瀕しており、平均気温上昇を産業革命以前に比べて1・5℃に抑えねばならない、それにはCO_2は2030年に半減、2050年にゼロでなければならない」という「気候危機説」に基づく。

これは御用学者が唱えるもので、西欧の指導層と米国民主党では信奉されている。ただし台風やハリケーンなどの統計を見ると、災害の激甚化などは全く起きておらず、後に詳述するが、この気候危機説はフェイクにすぎない。にもかかわらず、CNNなどの御用メディアは気候危機プロパガンダを繰り広げる一方で、不都合な事実を無視し、「科学は決着した」として反論を封殺し世論を操作してきた。

中国の高笑い

気候サミットでは、中国、インド、ロシアなどは目標の深掘りに全く応じなかった。結果としては、日米欧が一方的に莫大な経済的負担を負うことになった。

気候サミットの動画を視て、最も強烈に印象に残ったのは、習近平氏の自信に満ちた演説だ。

「中国は米国がパリ協定に復帰することを歓迎する」として、政権交代の度に方針が変わる米国の信頼性のなさをあげつらった。かつ、正式な交渉の場は国連であり、米国主導のサミットではないこともはっきりさせた。中国の意図は「米国に環境を理由として覇権を維持させせない」ことであった。これは、人民日報系の環球時報であからさまに解説されている。

新型コロナウイルス禍で広く知られるようになったように、国連は中国にとって都合の良い場である。G77と呼ばれる数多くの開発途上国は、「途上国は経済開発の権利があり、先進国は過去のCO_2排出の責任を負って率先してCO_2を減らすべきだ」というポジションを取っている。中国はそのリーダー格である。開発途上国を代表する中国の雄弁な主張については、環球時報社説（2021年4月21日）で確認できる。

確かに「善良なる開発途上国」であれば、開発権利の主張はごもっともである。しかし、領土拡張や人権侵害をしている国であれば、何をか言わんや、だ。

だが国連の場では、中国を支持する開発途上国は多い。香港での民主化運動への弾圧についても、先進国が人権侵害だとして中国非難決議を出すと、その倍の数の国々が内政干渉だとして中国支持の決議をした。今後、CO_2の話が国連に持ち込まれると、多数のサポーターを従えて、ますます中国は強気に出るだろう。

「先進国がCO_2を半分にすると言って圧力をかければ中国もそうするはず」などというお目出たい言説が流布されているが、全く根拠がない。

じつは今回、中国はサミットへの参加をテコに有利な取引をした。すなわちサミットに先立つ米中の共同声明で「産業と電力を脱炭素化するための政策、措置、技術」を共に追求する、としたのである。この文言は、今後の貿易戦争にあたって、中国の利益を害するような米国の制裁を抑制するために利用されるだろう。

中国の現行の計画では、今後5年で温室効果ガス排出量は1割増える。中国の第14次5カ年計画草案では、2025年までの5年間でGDPあたりのCO2排出量を18％削減する、としている。中国の経済成長が年率5％とすると、2025年の排出量は2020年に比べて10％増大する計算になる。この増分だけで日本の年間排出量約12億トンとほぼ同じだ。また日本の石炭火力発電容量は約5000万kW（キロワット）であるが、毎年、中国はこれに匹敵する設備容量を建設している。

今回のサミットで、先進国は自滅的に経済を痛めつける約束をした一方で、中国はあいかわらず、事実上全くCO_2に束縛されないことになった。

それだけではない。太陽光発電や電気自動車は中国が大きな産業を有しており、先進国が創る市場を制覇できる。さらに、そのサプライチェーンを握ることは地政学的な強みにもなる。途上国に対しても、中国はグリーンインフラ整備を名目に一帯一路構想をいっそう推進すると表明した（ブライトバート、2021年4月22日）。

先進国はCO_2削減を理由に途上国の火力発電事業から撤退するが、お陰で中国はこの市場を独占できる。先進国が石油消費を減らし、石油産業が大打撃を受ける一方で、中国は産油国からの調達が容易になる。

のみならず、化石燃料を取り上げられた途上国はこぞって中国を頼るようになる。欧米が世界中の途上国に極端なCO_2削減を押し付けたことは強い反発を招いており、いま先進国が最も味方につけたいインドまでが、新興国の会合（ＢＡＳＩＣ）において中国との共同声明で懸念を表明するに至っている。

先進国は自滅し、中国に棚ぼたが転がり込む。気候変動という、先進国に蔓延る奇妙な新興宗教の顛末に、中国は高笑いだ。

グリーン成長戦略の陥穽

今年（２０２１年）の末までには、バイデン政権がCO_2を減らせないことがはっきりするだろう。かつ、中国をはじめとした開発途上国も２０３０年に半減といった極端なCO_2削減目標の深掘りには全く応じず、国連気候変動枠組条約締約国会議（ＣＯＰ）の交渉が行き詰まることがはっきりする。

そもそも2050年にCO_2ゼロなど、どの国にとっても不可能なのだ。欧米が実現不可能な目標を追い求めてしまった上、南北の対立を先鋭化させてしまったことは重大な過ちだった。

のみならず、そこまで極端なCO_2削減を正当化するような科学的事実はない。このような認識は、莫大な経済負担を突き付けられてショックを受けている世界諸国民に、米国共和党を本拠地として、遠からず広がってゆくだろう。

「46％」の表明を受けて、いたずらに温暖化対策を暴走させてはいけない。1年もしないうちに、米国や世界の情勢は変化し、日本の世論の雰囲気も変わる。今は粘り強く、安全保障と経済という重要な国益を守ってゆかねばならない。

ある程度のCO_2削減であれば、経済成長と両立する政策は存在する。例えばデジタル化の推進や新型太陽光発電の技術開発であり、原子力の利用である。

だが「2050年にCO_2ゼロ」という極端な目標は、経済を破壊する可能性の方が高い。政府は、安価な化石燃料の従来通りの利用を禁止し、CO_2の回収・貯留を義務付けるという。または、不安定な再生可能エネルギーや扱いにくい水素エネルギーで代替するという。

これにより政府は２０３０年に年額90兆円、２０５０年に年額１９０兆円の「経済効果」を見込んでいる。だが莫大なコストがかかることを以て経済効果とするのは明白な誤りだ。

もちろん、巨額の温暖化対策投資をすれば、その事業を請け負う企業にとっては売り上げになる。だがそれはエネルギー税等の形で原資を負担する大多数の企業の競争力を削ぎ、家計を圧迫し、トータルでは国民経済を深く傷付ける。

政府が太陽光発電の強引な普及を進めた帰結として、いま年間２・４兆円の賦《ふ》課《か》金《きん》（高価な再生可能エネルギーと通常の電気との発電コストの差を電気料金に上乗せするもの）が国民負担となっている。かつて政府はこれも成長戦略の一環であり経済効果があるとしていた。この二の舞を今度は年間１００兆円規模でやるならば、日本経済の破綻は必定だ。

CO_2ゼロは実現不可能なので、どこかで必ず見直しにかかるであろう。だが目下のところ、石炭火力の廃止やガソリン自動車の廃止など、先進国のエネルギー政策は極端に振れ、巨額のマネーが動くようになった。

規制あるところ、儲かる事業ができて、国際的に流動性が高くなった投資が集まる。しかしその投資の収益とは国民の負担そのものである。

電気料金の上昇等の形で負担が顕在化すると、急進的な温暖化対策は国民の支持を失ってゆくだろう。すると規制は後退し、旨味のなくなった投資は一斉に引き揚げ、グリーンバブルは崩壊する。これによる経済の痛手も計り知れない。

地球温暖化という「物語」

いま日本では、地球温暖化問題について以下の「物語」が共有されている。

①地球温暖化が起きている。
②このままだと、地球の生態系は破壊され、災害が増大して人間生活は大きな悪影響を受ける。
③温暖化の原因となっているのは、化石燃料を燃やすことで発生するCO_2であり、これを大幅に削減することが必要だ。
④2050年までにCO_2排出量をゼロにすることが必要だ。
⑤温暖化対策は待ったなしの状態である。

この「物語」に沿って、政府は予算を獲得する。温暖化対策を名目とした予算は、あらゆる省庁や自治体に存在する。どの計画を見ても、枕詞は同じで、冒頭の「物語」がまず書き込まれ、その後で、必要な政策や予算措置が列挙される。

研究者も、この「物語」に沿って予算を獲得する。どの研究提案書を見ても、冒頭の「物語」がまずあって、その後で、実験計画や人員、必要な予算措置が書いてある。

このような政府と研究者の利権構造が出来上がると、「物語」は繰り返し反復されて、強化されてゆく。人はその性として、頻頻《ひんぴん》と同じ「物語」に接すると、それが本当だと信じるようになる。もしくは、本当は信じていなくても、信じているふりをしている方が、生きていくのが容易になる。

温暖化問題に関係する研究者は、この社会学的構造からは滅多に抜け出せない。そうして「物語」をせっせと再生産するようになる。

ところが、研究者は、その「物語」を自力で検証したわけではない。温暖化問題は、自然科学、工学、経済学等、広範な領域にわたる。のみならず、それぞれの領域も細分化されていて、自分の専門領域以外のことは、相当に頑張って勉強しないと分からず、ほとんどの研究者は何も知らない。そこで、他の研究領域については「物語」を使って説明し、自分はその文脈で研究する、という言い方をする。

だが、それによって研究者は、二つの罪を犯している。

一つは、その「物語」を反復したことで、「物語」の科学的真偽を問うことなく、それを強化する罪である。

もう一つは、その「物語」に合うようなバイアス（偏り）を受けた研究報告を書き、メディア発表をすることである。

物語共有のメカニズム

いずれも、科学のモラルに反するものであり、科学の進歩という観点からは有罪だ。もしも、どの分野にも、適切なガバナンスが働いていて、バイアスを受けた研究報告が排除されるならばよい。しかし現実にはそうなっていない。

現実はこうだ。

「物語」に合う研究は政府プログラムで採択されやすく、論文も主要論文誌に載りやすい。「物語」に反するならば、その逆であり、研究者は己《おのれ》のキャリアを苦難の道に曝すことになる。

もちろん、「物語」が真実ならば問題はない。しかし実際には、この「物語」には問題が多い。

そもそも、この「物語」が繰り返し語られ始めたのは、1990年に最初のIPCC報告書が出た頃である。それ以来、この「物語」の主な内容はほとんど変わらない。

①温暖化は起きていて、

②危険で、

③人間のCO_2によるものであり、

④待ったなしの大幅排出削減が必要だ

ということだ。

しかし、考えてみてほしい。1990年以来、もう30年も経つ。その間、地球科学、生態系等に関する科学的知見はずいぶんと深まった。その一方で、過去の温暖化に対して人間は何の問題もなく（というより、気づくこともなく）適応してきた。それなのに、「物語」だけが全く変わらないのはなぜか。

「物語」が共有されるメカニズムは、前述の利権構造だけではない。人間は「物語」を共有することで、団結を強める傾向がある。

原始時代の人間は、血族集団を作って暮らしていた。そこでは、実に長い時間と労力をかけて、物語の共有が行われてきた。先祖代々の名前や、闘いの歴史など、歌や踊りと一緒に、毎日何時間もかけて物語が共有された。これには莫大な時間が投じられたが、そのことは、それが進化論的に見ていかに引き合うものだったかを示している。

物語による団結の強化という伝統は、一神教にも引き継がれ、聖書等でも先祖代々の物語などが語られ、共有された。

地球温暖化の「物語」は、メディアやシンポジウムで繰り返し共有される。同じ「物語」を語る仲間内で団結は高まり、それに反することを言えば、団結を乱すものとされる。1990年以来の展開を振り返ってみると、そこで起きてきたことは、繰り返し語られ、制度化されることによる「物語」の強化という社会学的なプロセスであった。

実際には、温暖化に関する自然科学の知見は蓄積され、よく検討するならば、あらゆる側面において「物語」には疑義が生じてきたのに、修正されずに今日に至っている。

温暖化の科学的知見

では地球温暖化の科学的知見は今、どうなっているのか。

①温暖化はゆっくりとしか起きていない。

地球温暖化の進行は、1990年に予言されていた速さ（100年で3℃、誤差幅は2～5℃）に比べると、ゆっくりとしている。温度上昇のペースは、最も速いときでもせいぜい100年あたりで1・5℃程度の速さであり、平均すると過去100年で0・8℃程度であった。

とくに、2000年以降2013年まではハイエイタス（停滞）と呼ばれ、温度は上昇しなかった。

②温暖化は危険ではない

現在程度の速さの温暖化は、過去に自然変動で起きてきたものと大差ない。それに、過去100年に起きた約0・8℃の温暖化では、何の被害もなく、人類は空前の繁栄を享受した。

1990年頃には、温暖化で大西洋の海流大循環が激変するといった可能性も示唆されたが、これは向こう数百年にわたって起きそうにないことがその後の研究で解っている。あれこれの仮説が出されて心配されたけれども、よく検証すると、温暖化はさほど危険ではないのだ。

③温暖化は人為的CO_2にもよるが、それ以外の要因も大きく、よく分かっていない

化石燃料燃焼によるCO_2などの温室効果ガス排出が温暖化の要因の一部であることは確かである。しかし、IPCCによる気候のシミュレーション（巨大な天気予報のようなもの）は、自身が認めているように科学的不確実性はとても大きい。

人為的CO_2による温暖化が起きたとされるのは急激な経済成長が始まった1950年頃以降だが、それ以前にも地球は結構な速さで温暖化していた。欧州では小氷期といって氷河が発達した時期があり、それが後退し続けて現在に至っている。海洋の内部変動か、太陽磁場の変動の気候への影響が大きな因子かもしれない。

いずれにせよシミュレーションは、一連の過去の変化をうまく再現できておらず、地球の気候の複雑さを表現できていない。したがって将来の予言も不確かである。

④大幅排出削減は待ったなしではない

一連の物語は、結局はこの「待ったなし」を言うことが眼目である。そうしないと政府予算も研究予算もなかなか付かないからだ。

しかし、じつは温暖化ではたいした被害は起きなかったし、今後についてもさしたる危険は迫っていないことも分かってきた。

その一方で、大規模な排出削減には、大変な費用を伴うことがはっきりしている。今の日本は再生可能エネルギー導入促進の賦課金《ふかきん》だけで年間2兆円を超え、これは電気料金に上乗せして国民から徴収されている。

もちろん、科学的知見に分からないことが多い以上、ある程度用心深くなることはよい。安価な範囲で排出削減を進め、また、将来には大規模かつ安価に削減できるように技術開発をしておくとよい（その結果として、幸運であれば本当に大幅なCO_2削減もできるかもしれない）。

しかし、経済停滞が長く続いてきた日本で、中国の台頭に抗して自由と平和を守るために一層の国力が必要とされている今のタイミングにおいて、経済的損失を顧みることなく大規模な排出削減をするというのであれば、それは間違いだ。

いま必要なことは、過去30年の知見の蓄積を科学的に（政治的にではなく）踏まえて、

「物語」を修正する試みである。すると、新しい「物語」はこうなるだろう。

①地球温暖化はゆっくりとしか起きていない。
②温暖化の理由の一部はCO_2だが、その程度も温暖化の本当の理由も分かっていない。
③過去、温暖化による被害はほとんど生じなかった。
④今後についても、さしたる危険は迫っていない。
⑤温暖化対策としては、技術開発を軸として、排出削減は安価な範囲に留めることが適切だ。

科学者は科学を貫いて、時には一身を賭して権威・権力と対決しなければならないことがある。それが長い目で見て人類の繁栄をもたらした。ガリレオもダーウィンも然り。御用学者として既存の「物語」を疑わずにぶら下がり、安逸をむさぼるのは科学に対する犯罪である。

米国共和党は温暖化対策を支持しない

「地球温暖化は脅威であり直ちに大規模なCO_2削減が必要」とする「温暖化脅威論」は、日本の政治では支配的だが、米国は全く異なる。

米国では「温暖化脅威論」と、それを否定する「温暖化懐疑論」のバランスが拮抗している。この理由は、①温暖化が党派的な問題であり、共和党支持者は温暖化懐疑論であること、②米国では既存の権威や学説に挑戦する科学的態度が尊重されること、③メディアが①と②を反映してバランスが拮抗した報道をしていること、の三つによる。

米国では議会の半分を占める共和党は温暖化対策を支持しない。これは以前からそうだったが、バイデン新政権が誕生した今、ますます民主党との隔絶が際立っている。

米国のピュー・リサーチ・センターの調査（2021年1月8日〜12日）によると、「米国新政権及び議会が今年最優先すべき課題は何か」との質問に対して、気候変動が該当すると答えたのは、民主党支持者（「民主党寄り」を含む）では59％だったが、共和党支持者（「共和党寄り」を含む）では僅か14％に留まった。

民主党と共和党の差は45％もあり、党派間の意見の違いが浮き彫りになった。ここまで極端な差がついているのは、他には人種問題だけだ。

このような温暖化を巡る分断は以前からあったけれども、一層極端に意見が割れるようになった。

共和党側の14％という数字は、あらゆる問題の中で最低である。温暖化対策などをやっている場合ではない、ということだろう。

それに民主党側でも、気候変動を最優先とした人は案外少ない。コロナ・経済・人種・貧困・ヘルスケア・政治制度・裁判制度など、他の問題の方が上位に来た。

ちなみに世論調査なるものは玉石混交で、酷いもの、当てにならないものも多いが、米国のピュー・リサーチ・センターは不偏不党で分析もしっかりしている、と筆者の周囲では定評がある。

なお、この調査では年齢別の分析もしている。それを見ると、若い世代は確かに温暖化問題に関心がやや高いが、それでも他の世代とさほどの差はない。最近よく「若者の環境運動」が報道されるが、実際のところは一部の若者に限られる話なのではないか。

学歴別の分析もあり、大卒か高卒かといった学歴の違いが最もよく表れたのは気候変動問題だった。どうやら「気候変動は民主党インテリの問題」という構図のようだ。

それにしても、なぜこのような米国の実態が日本ではあまり伝えられないのだろうか。

それは、日本メディアでの米国情報というと、大抵は、民主党側のメディアの二番煎じになっているからだ。

米国では大手メディアも党派で分断されている。民主党側はCNNやニューヨーク・タイムズなどで、共和党側はFOXニュースやウォール・ストリート・ジャーナルなどだ。では、正確な情報を得るにはどうすればよいのだろうか。

メディアが正確に情報を伝えているかどうか、かつてギャラップがアンケート調査をした（2018年）。

その結果、民主党支持者では、「CNN等の大手メディアは概ね正確だが、FOXニュースとブライトバートは不正確」となった。他方で、共和党支持者に同じ質問をすると、「FOXニュースは正確。ウォール・ストリート・ジャーナルとブライトバートもまあ正確。その他の大手メディアはみな不正確で、特にCNNが最悪」という結果になった。このように、共和党と民主党で大手メディアに対する評価が全く逆転することが分かる。

以上はアンケートの結果にすぎないので、本当のところ、どれが正確な情報なのかは、これだけでは何とも言えない。しかし、はっきりしていることは、米国の意見のバランスを知りたければ、CNNなどの民主党側のメディアだけでなく、FOXニュース、ウォール・ストリート・ジャーナル、ブライトバートなどの共和党側のメディアからも情報を取る必要がある、ということだ。

後に詳述するが、温暖化の科学に関しては、ブライトバート等の共和党系のメディアの方が、観測事実に基づいて正確に情報を伝えている。これに対して、CNN等の民主党系のメディアは（NHKなどの日本のメディアもそうだが）「災害が激甚化」などと観測データに反することを報道し、いたずらに「気候危機」を煽る傾向にあり、科学的には不正確なものが多い。

米国の科学者とメディア

さて、米国の共和党支持者がここまで脅威論を否定しているのは、決して科学に無知だからではなく、十分に知識を持った上で否定していると見るほうが妥当であろう。この違いは何によるか。

米国では「脅威論」を真っ向から否定し、議会で毎年証言をする科学者が多くいる。特に有名なのは、アラバマ大学ハンツビル校のジョン・クリスティ氏である。彼は人工衛星からのリモートセンシング（遠隔観測）による地球規模の気温測定の第一人者であり、「U

AH」の略号で知られる重要な気温データセットを40年にわたり構築し発表し続けてきた。クリスティ氏は、過去の温暖化は予想されたほど起きず、気候モデルはいずれも大外れであったと論じた。

科学的知見については後章で詳述するが、今ここで指摘したいことは、日本の議会・政府・大手メディアは、このような反対意見をきちんと聞いているか、理解しているか、ということである。行政官も政治家も国民も、このような筋金入りの研究者が正面切って論じている温暖化脅威論への強力な反対意見をほとんど知らないのではなかろうか。

科学雑誌『ネイチャー』に載った論文（2019年）に、「温暖化脅威論」とそれを否定する「温暖化懐疑論」の報道件数を比較したものがあった。念のために言っておくと、ここで「懐疑論」というのは、地球温暖化を全否定するのではなく、「地球温暖化が脅威であり直ちに大規模なCO_2削減が必要（例えば、2050年までにゼロエミッションにする）」といった命題を否定するものである。

ネイチャー論文の結果は以下の通り。

1　科学論文の件数は「脅威論」が圧倒的に多数

2　科学論文の被引用件数も「脅威論」が圧倒的に多数

3　しかしながら、メディア報道の件数は拮抗しており、むしろ「懐疑論」の方がやや多い

この結果を受けて、このネイチャー論文の著者は「脅威論が負けているのは危険な状況だから、脅威論者はメディアにもっと出る努力をすべし」と結論している。

しかし筆者は、むしろ別のことを読み取った。科学論文については、「脅威論」には各国の行政機関や国際機関がスポンサーとなってたくさんお金を出しているから、件数も多くなる。この状況にもかかわらず、メディアにおいては両者が拮抗しているというのは、驚きである。

メディアも米国では民主党系と共和党系に分かれており、共和党系の大手メディアが受け皿となって「懐疑論」を報じている。例えば、ウォール・ストリート・ジャーナルで「極端な脅威論はフェイクであり、冷静な技術開発が重要」といった記事が、あるいは『フォーブス』で「山火事は温暖化のせいではない」といった記事が掲載される。テレビではFOXニュースがそのような報道をする。このため世論には全体としてバランス感覚があり、脅威論だけではなく、懐疑論にも耳を傾けている。

日本の論壇では「温暖化脅威論」が支配的である。しかし、科学的な中身が分かってそ

う論じている人は稀であろう。ほとんどの人は、それが権威であり、政府見解であり、それに従う方が政治的に正しいから、そうしているにすぎない。日本は、寄らば大樹の陰、長いものには巻かれろ、という国である。

これに対して米国では、特に科学者がそうだが、既存の権威や理論に挑戦する人こそが尊敬される、という気風がある。もちろん、権威主義も陰湿な嫌がらせもあるけれども、日本には無い良さがあり、これは米国の強さの源泉でもある。

そして温暖化問題の場合は、共和党という政治的受け皿もあることが「懐疑論」の科学者やメディアの挑戦を支えている。党派対立というと悪いイメージが多いけれども、こと温暖化問題に限って言えば、他の国よりもバランスの取れた議論が公式の場で行われているようだ。

バイデン大統領はCO_2を減らせない

バイデン大統領は温暖化対策に熱心で「2050年CO_2ゼロ」を目指すとしている。けれども議会では半分を占める共和党が反対なので、そう簡単に事は運びそうにない。のみならず、議会では早くもエネルギー産出州の民主党議員が造反した。これは何を意味するか。

　バイデン氏は就任早々の大統領令で、連邦政府の管理地の石油・ガス開発のための新規の貸し出しを停止し、現行の貸し出しの許認可の在り方についても徹底検証することを命じた。

　ところが、米国は石油大国であり天然ガス大国である。米国はシェールガス・シェールオイル採掘技術を開発し、大きな商業的成功を収めてきた。技術水準は世界で断トツの独走状態にある。シェールガスによって天然ガス価格は低く安定するようになった。シェールオイルの飛躍的増産によって米国は世界最大の産油国になった。これによって経済が潤っている州は多い。

　さっそく、複数の民主党議員が造反し、共和党と共に石油・ガス産業を擁護する投票を行った。これはフィナンシャル・タイムズ、ブルームバーグなどでも報道されている。
・テキサス州選出の民主党下院議員4人は、「今は米国の雇用を脅かし、税収を危険にさらす時ではない」と新大統領に書簡を送った。
・上院では、5つの州の民主党議員（ニューメキシコ、コロラド、ペンシルベニア、ウェストバージニア、モンタナ州）が造反して共和党議員に同調し、シェールオイル・シェールガスの採掘に対するホワイトハウスおよび米環境保護局の新たな規制を阻止する修正案を57対43で可決した。法的な拘束力はないとのことではあるものの、バイデン氏がシェール採掘を禁止するつもりはないと発言してきたところに、さらに釘を刺した格好だ。

ニューメキシコ州は現在日量１００万バレル近い産油量を誇るというから、もはやちょっとした産油国並みだ。そのうち半分以上は連邦政府の管理地での生産であるため、これが制約を受けることに懸念が強いという。石油・ガス生産からの収入はニューメキシコ州の予算の３分の１にあたる28億ドルに達している。

民主党は上下両院を制したといっても、上院は50対50、下院は２２２対２１１といずれも僅差である。このため、造反議員が少しでも出ると、たちまち過半数割れを起こしてしまい、何も議会を通せなくなってしまう。

石油・ガス産出州ではすでに２０２０年の選挙でも民主党議員は苦戦し、落選も多く出た。下院では２０２２年秋にははやくも中間選挙も控えており、議員も地元の票を確保すべく動いている模様だ。

米国上院では議事妨害（フィリバスター）制度があるため、もともと60名の議員が確保できないと排出量取引や環境税などの法律を通すことは困難と見られていたが、民主党から造反議員が出るとなると、上下両院とも過半数を確保することすらできなくなる。

そうするとバイデン大統領ができることは、大統領令でできる範囲に限られる。例えば連邦政府の官公庁で再生可能エネルギーや電気自動車を導入するといったことである。あとはカリフォルニアなどが州のレベルで積極的に温暖化対策をすることに頼るほかないが、これはもちろん全米には広がらない。新規の立法をせず、既存の法律を拡大解釈して規制を進める方法はあるが、これにはトランプ氏の置き土産である共和党寄りになった連邦最高裁判所が立ちはだかると見られる。

菅義偉首相の「CO_2ゼロ宣言」とバイデン政権の誕生で、いまグリーンブームは絶頂に達している。コロナ禍対策の金融緩和で全般的に世界の株価は高騰している中で、特にグリーン産業は投資を集め、何も利益を上げた実績のない会社が時価総額で既存の大企業に並ぶなど、バブル状態になっている。だが、実はグリーン産業の技術は未熟で高価なものばかりで、高い株価は政府のCO_2規制強化への期待に強く依存している。

「バイデン大統領の誕生で米国が温暖化対策に本腰を据える」という報道が日本国内には溢れている。だが、政権が米国の現実に直面し、困難が次々と露わになると、グリーンバブルは崩壊すると見る。先にも述べたように、米国では温暖化問題は党派問題であり、議会の半分を占める共和党は対策を支持しない。

米国の共和党支持者は温暖化危機説がフェイクであることをよく知っている。議会でもメディアでも観測データに基づいた合理的な議論がなされている。

しかし日本はそうなっていない。のみならず強固な利権がそこかしこにできてしまった。

省庁は各々の温暖化対策予算と権限を持っている。

その補助金に群がる企業がある。

研究者は政府予算を使って温暖化で災厄が起きるという「成果」を発表する。

メディアはそれをホラー話に仕立てて儲ける。

この帰結として日本の国力は危険なまでに損なわれつつある。だがそれを明言する人は稀だ。温暖化問題について異議を唱えると、レッテルを貼られ、メディアやネットで吊し上げられ、利権から排除されるからだ。

だがCO_2ゼロを強引に進めるならば、国民経済を破壊し、日本国民の自由や安全すら危うくなる。憂国の士は、この問題が深刻であることを理解し、声を上げねばならない。

第1章 「CO_2ゼロ」は中国の超限戦だ

習近平中国国家主席

「中国は、より強力な政策措置を採用し、2030年までにCO_2排出量のピークに到達するよう努め、2060年までに炭素中立を達成するよう努めます」

（2020年9月22日の国連総会の一般討論における演説）

■は香港国家安全維持法を非難
■は香港国家安全維持法を支持

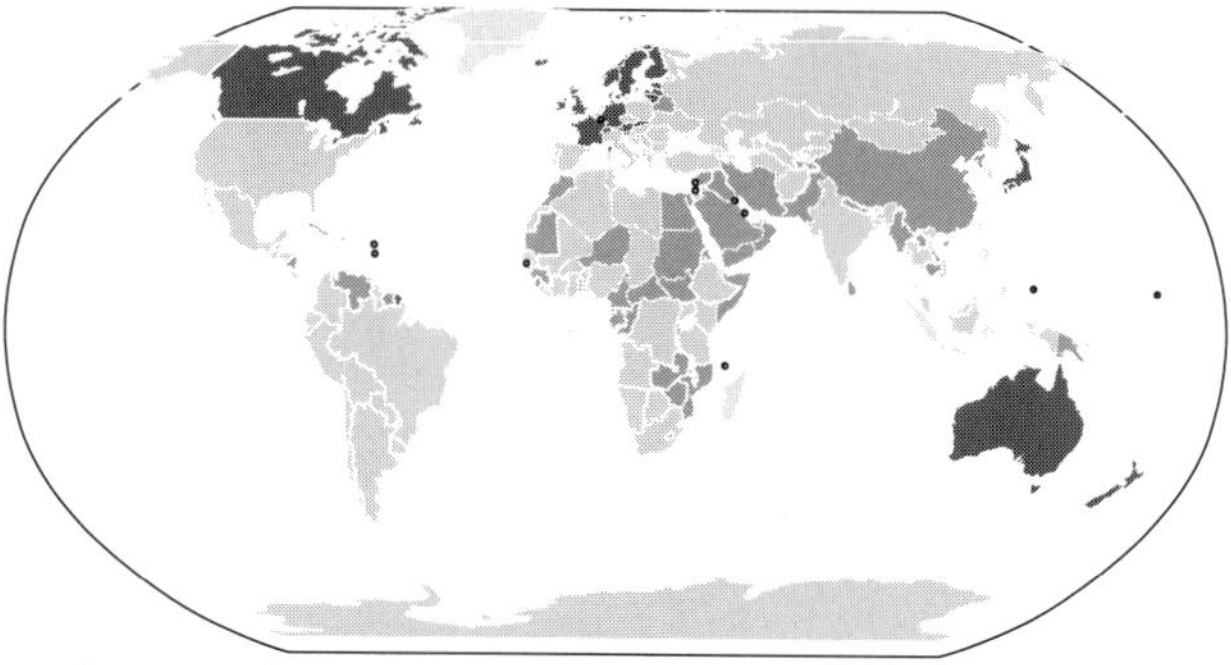

Support and opposition to the law at the UNHRC on 30 June 2020
（出典：クリエイティブ・コモンズ）

これが世界の現実だ。中国政府が制定した香港国家安全維持法を非難した国（■の国々）と支持した国（■の国々）。香港弾圧では 53 カ国が「内政干渉すべきでない」と主張する中国を支持した。新疆の弾圧でも 54 カ国が中国を支持した。中国は権威主義的な国家の支持を集めて自由主義諸国に対抗している。温暖化問題はこの大戦略に利用されている。

なぜ中国は温暖化対策で協力姿勢か

中国はこと温暖化問題に関しては、先進国に協力して取り組むポーズを見せている。なぜだろうか。この裏にはしたたかな計算がある。

習近平のCO_2ゼロ宣言

２０２０年９月22日の国連総会の一般討論における習近平国家主席の演説が話題を呼んだ。なぜなら、内容は主にコロナ禍に関するものだったが、その中に「CO_2ゼロ宣言」があったからだ。該当部分を抄訳すると次のようになる。

〈気候変動に対処するためのパリ協定は、世界的な低炭素化の方向性を表しています。中国は、より強力な政策措置を採用し、２０３０年までにCO_2排出量がピークに到達するよう努め、２０６０年までに炭素中立を達成するよう努めます。各国は、新型コロナウイルス感染症流行後の世界経済の「グリーン・リカバリー」を促進し、持続可能な開発のための強力な力を結集する必要があります。〉

ここで「炭素中立」と述べている意味は、化石燃料の燃焼によるCO$_2$排出と、植林などによるCO$_2$吸収を「差し引きゼロにする」という意味である。だいたいは、CO$_2$排出をゼロにすること、つまり「ゼロエミッション」と思ってよい。

この習近平の演説は、「多国間主義による国際協調」「コロナ禍からのグリーン・リカバリー」、そして「ゼロエミッション」といった、近年になって欧州を中心に流行しているレトリックをそのまま踏襲したものだった。国連、欧州連合、英国および米国民主党の指導者は、相次いで、この演説を歓迎するコメントを出した。

ここのところ、南沙諸島での軍事基地建設、新疆ウイグル自治区における人権問題、香港における民主化運動への対応、コロナ禍を巡る対応等で、相次いで国際的な非難を浴びてきた中国が、久しぶりに好感されることとなった。

中国が「ゼロエミッション」というポジションを取ったことで、日米欧では二つの分断が深まった。

第1は、米国内の分断である。

米国では地球温暖化問題は党派問題である。民主党は地球温暖化は深刻な脅威だとして、欧州と足並みをそろえて大幅に排出を削減すべきとしている。これに対して共和党は、地球温暖化はそれほど重大な脅威ではなく、極端な排出削減は必要ない、とする。とかくトランプ元大統領だけが例外だと思われがちだが、決してそうではない。地球温暖化が論題に上れば上るほど、米国内の党派間の分断はますます深まる。

第２は自由陣営である米国と欧州の分断である。

ドイツ・イギリスを始めとした経済的に豊かな欧州諸国では、環境運動の影響で、ここ数年で地球温暖化問題が政治的に最も重要な課題に押し上げられた。少なくとも、コロナ禍の直前まではそうだった。中国は、これに協力姿勢を見せることで欧州の好感度を増すことになり、米国共和党の非協力的な態度は欧州に嫌われることになる。

もともと、欧州の環境運動家は、中国に好意的な一方で、反米的な人が多い。歴史的に見ても、共産主義や社会主義の活動として反公害運動があり、その延長で環境運動が起きた。彼らは一貫して、資本主義を嫌い、その権化である米国を憎んできた。国際環境ＮＧＯは自由陣営の企業に強烈な圧力をかけてきたが、中国企業がその対象となることはなかった。

このように、中国にとってゼロエミッションというポジションを取ることは、孤立しがちだった国際社会からの好感を得るのみならず、米国内の分断を深め、また米欧の分断を深めるという効果がある。

情報戦によって、敵を一枚岩にさせず、できるだけ深刻な分断状態にすることは、国益を追求するための有効な手段となる。敵の団結を削ぐことで、人権、領土、技術、経済等にまつわるあらゆる国際問題に関する圧力を弱めることができるし、敵が国力を蓄えることも阻止できる。

このような戦術は、中国の軍人によって20世紀末に「超限戦」(喬良、王湘穂著の書籍名でもある。日本では角川新書から2020年に出版)の一部として提言された。超限戦の思想では、平時においても、常に敵国と競争状態にあることを意識して、自国の国力増強と敵の分断化・弱体化を図る。中国はこれを実践してきたとされている。この「超限戦」を自由陣営では、シャドー・ウォー、ハイブリッド戦、グレーゾーン戦等と呼び、これに対する防衛のあり方が議論されてきた。

日米欧の弱体化

中国の「ゼロエミッション」目標を受けて、その論評がネットにもいくつか出ていた。「中国の目標は、地球温暖化を2℃以下にするというパリ協定の目標と整合的である」との肯定的な論評、他方で「今後も続々と石炭火力発電所を建設する計画がある等、どのようにしてゼロエミッションを達成するのか具体的ではない」という批判もいくつかあった。

しかし、中国の指導者にとっては、どちらの論評もどうでもよいことだろう。

まず、リアリストの彼らだから、「2060年ゼロエミッション」など、不可能なことは先刻承知であろう。現在知られている技術でこれを実現することはできない。

世界中で今、太陽光発電と風力発電と電気自動車に補助金をつければ「ゼロエミッション」が達成できると信じる向きがあるが、これは技術も経済も全く分かっていない人の言うことであり、馬鹿げている。

ここでのトリックは、中国の「2060年ゼロエミッション」より、さらに実現不可能な「2050年ゼロエミッション」目標を、すでに先進国が掲げていることである。多くの自治体も、よせばいいのに、これに追随している。

そしてこの全てが、具体的な計画など持ち合わせていない、不真面目なものだ。従って「具体的ではない」といって、中国を批判すれば、自分に跳ね返ってくることになる。

先進国はどうせいつかは約束を反故にするだろうから、中国はそれを厳しく批判した後で、自身もひっそり反故にすればよいということだ。万一、先進国が「2050年ゼロエミッション」を達成したとしても、それはCO_2を出さない技術が安価に利用できる世の中になっているということだから、中国はその10年後にゆっくり達成すればよいということになる。

そして何より、中国もゼロエミッションを目標に掲げたことで、日欧は引っ込みがつかなくなってしまった。これから巨額の温暖化対策投資を余儀なくされるだろう。これは経済的には〝自殺行為〟であり、国力は大いに弱まる。米国も民主党が力を持ったままであれば、同じく弱体化するだろう。このようにして敵の世論を利用して重いコストを課すことも「超限戦」の戦術の一つだ。

それだけではない。温暖化対策と言えば、太陽光発電、風力発電、それに最近は電気自動車が流行りである。このいずれも、今や中国が世界最大の産業を有している。欧州が巨額の温暖化投資をするとなると、中国経済は大いに潤うことになるだろう。

「2060年ゼロエミッション」という目標は、どう転んでも、中国にはよいことばかりで、悪いことは何もない。

中国の指導者が気にしているのは、何よりも共産党独裁体制の維持である。彼らが地球温暖化を本気で心配しているとは思えない。彼らはリアリストなので、地球温暖化のリスクなど、さほど大きくないことをよく知っていると思われるからだ。

さらに、中国には温暖化予測の計算機実験を〝ホラー〟として伝え、自然災害があるたびに温暖化のせいにするメディアがないので、それに惑わされることはない。「温暖化対策をしていない」と政府を批判する学者やＮＧＯもいないので、それに対応する必要もない。

その一方で彼らは、国益を増進するために、何を言えば自由陣営を分裂させ、弱体化させることができるか、よく研究している。中国の「ゼロエミッション宣言」は、自由陣営の弱点を見事に一突きしている。

中国共産党の「使える愚か者」

地球温暖化対策は中国を利すると書いた。この点について、英国の研究機関ＧＷＰＦが発表した報告書「紅と緑——中国の使える愚か者」（The Global Warming Policy Foundation「THE RED AND THE GREEN CHINA'S USEFUL IDIOTS」）に基づいて掘り下げよう。

この報告の著者であるパトリシア・アダムス氏は、戴晴編『三峡ダム』の英訳を手がけ、自らも三峡ダムに関する本を出版するなど、中国の環境運動と民主化運動に関する研究活動を続けてきた。

中国共産党の危険性は、今や欧米でも日本でも周知のとおりである。それにもかかわらず、いまだにそれに見て見ぬふりをしている巨大な例外がある。環境運動家とその資金提供者である。

彼らは、最上級の言葉を使って、中国の環境対策を称賛しつづけている。

例えば国際環境NGOのグリーンピースは「持続可能性を優先したことは、世界における中国の遺産を確固としたものにするであろう」と述べた。

世界自然保護基金（WWF）は、「習主席が発表した新たな目標は、世界の温暖化対策を一層強化することについての、中国の揺るぎない支持と断固とした措置を反映している」と述べた。

天然資源保護評議会（NRDC）のバーバラ・フィナモア氏は『中国は地球を救うか』(Will China Save the Planet? by Barbara Finamore, 2018) と題した本を執筆して中国の環境対策を賞賛した。

2017年に海外NGOを規制する法律が施行された後、アムネスティ・インターナショナルやヒューマン・ライツ・ウォッチのような人権団体は、中国国内における活動を事実上禁止されたが、環境NGOは中国での活動を許されている。

だが、共産党政府には、彼らの中国での活動を監視し、コントロールする権限があり、環境運動が政府への批判や民主化運動に転じることを阻止している。

環境運動家は、中国が「地球を救うという大義」を掲げさえすれば、南シナ海での中国の侵略や本土での人権侵害に目をつむってしまっている。諸外国から非難を浴び続けている中国にとって、環境運動家が好意的であり賞賛を惜しまないことは、貴重な外交的得点稼ぎになっている。

つまり、環境運動家は、共産党の応援団となっており、その危険性から注意をそらすのに役立ってしまっている。だからこそ、中国は欧米の環境運動家を喜んで受け入れている。

レーニンはかつて「共産主義者ではないのに、本人も無自覚の内にコントロールされて共産主義者の役に立ってしまう者」のことを「使える愚か者」と言った。日本でも中国の環境対策をやたらと持ち上げる報道が多いが、いままさに、環境運動家は中国共産党の「使える愚か者」になっている。

〝温暖化外交〟で中国に売られる人権と領土

中国の「CO_2ゼロ宣言」には、もう一つの大きな狙いがある。それは、温暖化に関する協力を取引材料にして、人権や領土など、深刻な問題で相手国に譲歩をさせることだ。

これには実は前例がある。

南沙人工島はパリ協定の代償

オバマ大統領は任期終盤、人類の歴史に残る遺産「レガシー」を残すとして、地球温暖化に関する国際合意に執着した。それが成功と見なされるためには、世界の二大CO_2排出国である米国・中国が参加しなかった京都議定書を超えるために「米国・中国の参加が不可欠だ」というのが当時の相場だった。

そこでオバマ政権は中国と交渉を行い、2015年の6月に米中で合意をして、各々のCO_2削減の数値目標を設定した。これを契機に国際合意の機運が一気に高まり、同年12月にパリ協定が合意された。

だがこの裏で、中国は南沙諸島の実効支配を着々と進めていた。すなわち２０１４年から15年にかけて、中国はミスチーフ礁、ジョンソンサウス礁などの７カ所において、大規模かつ急速な埋立を強行し、砲台といった軍事施設のほか、滑走路や格納庫、港湾、レーダー施設などのインフラを建設した。

オバマ政権はほぼ何もせず、手をこまねいてこれを見ていた。なぜか？

重要な理由の一つは、パリ協定を壊したくなかったことだ。もしもオバマ政権が中国に対して強い態度に出れば、中国はパリ協定に参加しない、という奥の手があった。中国と関係の深い開発途上国がこれに同調するおそれもあった。そうなれば、パリ協定は京都議定書とあまり代り映えのしないものとなり、オバマ大統領のレガシーとしては甚だ不十分になったであろう。

さて、オバマ政権の副大統領であったバイデン氏が大統領になった。同じくオバマ政権で国務長官を務めたジョン・ケリーは気候変動問題担当大統領特使に任命され、大統領の名代として国際交渉に当たることになった。

バイデン氏もケリー氏も中国に対して融和的で、温暖化問題に熱心なことで知られている。そこでさっそく、中国が温暖化問題を取引材料としてバイデン政権を篭絡するのではないか、とする疑念が沸きおこった。

このような疑念を受けてケリー氏は２０２１年1月27日の記者会見で、気候変動は「重大だが独立な問題である（critical standalone issue）」として次のように述べた。

「知的財産の盗難、市場へのアクセス、南シナ海等の問題は、温暖化問題と交換されることは決してない」「しかし、気候は我々が対処しなければならない重要な独立した問題である。（中略）したがって、区分して前進する方法を見つけることが急務である」

これに対して、小泉進次郎環境相は「非常に心強い発言だ。気候変動対策と外交的な課題をディールすることがあってはならない。各国が懸念を持っている中、早い段階で明確なメッセージを発した」と述べた。

中国は温暖化で取引を狙う

ケリー特使も小泉大臣も、その言や良し。だが本当に「区分して」交渉することができるのだろうか？

外交には「イシューリンケージ」という常套手段がある。複数のイシューを同時に交渉するというやり口だ。

それは平たく言うと「相手がまとめたいと思って大事にする一つのイシューを交渉している間には、他のイシューにおける相手の攻撃的な行動を抑制できる」というものだ。

前述のように中国は、２０１５年末のパリ協定に向けて友好ムードで交渉している間、南沙諸島についての米国の干渉を受けずにすんだ。これはまさにイシューリンケージの典型である。

そしてバイデン政権に対して、中国が本当にそのようなディールを狙っていることが、あっさりと露見した。ケリー氏の記者会見の翌日、中国外務省の趙立堅報道官は、記者会見で以下のように述べた。

〈中国は、気候変動に関して米国や国際社会と協力する準備ができている。とはいえ、特定の分野での米中協力は、冬の寒さにもかかわらず温室で咲く花とは異なり、全体として二国間関係と密接に関連していることを強調したい。中国の内政に露骨に干渉し、中国の利益を損なう場合、二国間および世界情勢において、中国に理解と支援を求めることはできない。米国が主要分野で中国との調整と協力のための好ましい条件を作り出すことを願っている。〉

つまり中国は、気候変動は米中関係における「独立した問題」であるべきだと提案したケリー氏に同意しなかったわけだ。ちなみにこの直後に、趙立堅氏は、中国に大量虐殺（ジェノサイド）は「存在しない。以上、終わり。」と述べている。

動きが心配なのは、米国だけではない。

昨年2020年12月にEUは中国と包括的投資協定に合意したが、これは人権問題を全く不問にするものだった、と非難されている。

そして今年2021年の2月1日、中国とEUはハイレベルでの「環境と気候の対話」を開催した。代表は、中国側が韓正副首相、欧州委員会側がティマーマンス上席副委員長である。

共同記者会見では「中国とEUはグリーン協力を深め、包括的な戦略的パートナーシップの新しい目玉かつ推進力とする」とした。ティマーマンス氏は「気候変動やその他の問題に対する中国の前向きな立場を高く評価」し、「環境と気候の分野におけるEUと中国の対話と協力を拡大し、深め、多国間メカニズムの役割を十分に発揮する」と意欲を表明した。

この一連の流れを見ると、「EUは何よりも経済的利益を求める。そのために温暖化対策を名目に中国との協力を深める。そのためには人権問題など中国の引き起こす深刻な問題についても譲歩の用意がある」、というメッセージが読みとれてしまう。

温暖化対策に熱心なバイデン大統領が誕生したこともあり、2021年は温暖化が国際会議の重要議題になる。

バイデン大統領は手始めに大統領就任の初日にパリ協定に復帰する大統領令に署名した。そして早くも4月22日の「地球の日（アースデイ）」には、中国を含む主要な排出国を招いて気候変動サミットを開催した。その後のG7、G20、国連総会などの場でも、バイデン政権は温暖化を重要議題に据えるだろう。そして総仕上げとして、11月にはイギリスでCOP26が開催され、各国はCO_2削減目標の引き上げを議題として交渉し、国際合意を目指す予定になっている。

この一連の交渉で、中国はどう出るか。筆者は、温暖化については協力姿勢を見せると予想する。

だがここに罠がある。温暖化問題についてCOP26で得られる国際合意への期待が膨らむほどに、中国は他のイシューでは何をしても国際社会、就中《なかんずく》、米国に咎められることがなくなるだろう。

多くの人々の人権、そして日本とアジア諸国の領土が危険にさらされるかもしれない。

温暖化より怖い中国化

温暖化対策というと、世界全体が心を一つにして、地球環境を守りましょう——という綺麗ごとがよく言われる。

だがあいにく、現実の世界はそのようなものではない。人権や民主主義などの普遍的価値を自由諸国と共有しない中国は、権威主義的な諸国の支持を集めて国際的な影響力を高めている。

以前、太平洋の島嶼国が「水没の危機」にあるという報道をよく見かけた。

だが最近では、ほとんど聞かなくなった。なぜか。間違いだったことが分かったからだ。こうなると、メディアは謝罪も訂正もせず、単にだんまりを決め込んで他の話題を流すのがお決まりのパターンである。

水没が懸念されていたのは海抜が数メートルしかないサンゴ礁の島々だった。だがサンゴは動物であり、海面が上昇するとその分速やかに成長するので、水没はしない。航空写真で計測しても、島々の面積が減っていないことは10年も前に判明している。

現実に太平洋の島嶼国に襲いかかったのは、温暖化ではなく中国の外交攻勢だった。

２０１９年、ソロモン諸島とキリバスが相次いで台湾と断交し、中国と国交を樹立した。中国は近年、10年間で２０００億円に上る潤沢な援助、インフラ整備、資源開発、農産物・海産物の輸入、中国人観光などの経済関係をテコに、太平洋島嶼国との関係を深め、政治力を高めてきた。

また防衛省の報告にもあるが、中国はフィジー、パプアニューギニアといった地域の大国と友好関係にあり、この両国は一帯一路構想に沿った経済協力を深めている。

さらに、最近になって、中国がキリバスにおいて国際貿易港を建設するという計画が持ち上がった。キリバスの首都タラワ島は海抜が僅か3メートルしかないが、そこに土地を造成して建設する模様だ。技術的には南沙諸島に人工島を造ったものと同じ技術でできると見られる。

港は民生用とされているが、やがて軍事用に転用される危険を孕む。現に、南沙諸島における人工島も、民生用と言い続けていたが、今では軍事用になっている。

キリバスは太平洋戦争における日米の激戦地であり、軍事上の要衝でもある。そこに中国海軍が現れる日が近いとなると、心穏やかになれない。

ここに戦慄する１枚の地図がある（本章扉裏の図）。中国が制定した香港国家安全維持法を巡り、人権抑圧を懸念して中国を非難した国と、内政問題であるとして中国を支持した国が塗り分けられている。見事に世界を二分しており、21世紀におけるこれからの長く深い対立を暗示するものだ。

太平洋島嶼国では、マーシャル諸島とパラオが中国を非難し、パプアニューギニアが中国を支持している。

今のところ、島嶼国では、親中国と反中国の国々が入り乱れている状態である。ツバルは中国企業の人工島建設計画を断った。また諸国内での世論も分かれている。ソロモン諸島では台湾との断交に住民が反発している。

だがもしも将来、太平洋が中国一色に染まるとすれば、日本の安全保障は大いに脅かされると危惧する。

太平洋島嶼国は、経済的に自立することはまずあり得ない。歴史的な経緯によって、国家が島々で構成されている状態だからである。日本の離島も経済は単独でやっていけない。まして、隣国まで1000キロも離れている島嶼国家ではそれは難しい。

つまり島嶼国は海外との経済関係、人的交流や、援助が必要である。自由陣営は中国に負けずに太平洋島嶼国との連携を深めねばならない。それが島嶼国の人々のためになり、自由陣営のためにもなるはずだ。

もちろん、日本にとっても他人事ではない。寛大な援助、技術協力、人的交流など、あらゆる側面を強化すべきであろう。

「中国化」は太平洋のみならず、世界の至る所で起きている。日本にとっても、中国化にどう対抗するか、これが喫緊の課題だ。

「CO_2ゼロ」政策が日本を脆弱にする

ここまでは中国の外交戦略を見てきたが、今度は日本の温暖化対策が意味することを述べよう。温暖化対策をするほどに、日本経済は中国にますます依存するようになり、またサイバー攻撃にも脆弱になる。

中国依存と中国のサイバー攻撃

「2050年CO_2ゼロ」を目標に、いま太陽光発電、風力発電、電気自動車などの大量導入を進めるとなると、最終製品はもとよりインバーターやバッテリーなどの半製品の形でも、中国製品が大量に日本に入り込んでくることになるだろう。

仮に中国製品を排除し、国産化したとしても安心できない。というのは、太陽光発電や風力発電の大量導入には莫大な資源が必要となって、その資源調達の段階で中国依存が高まる懸念があるからだ。米国でも同様な形の資源調達における中国依存に警鐘が鳴らされている。

大変に誤解されているが、太陽光発電や風力発電は、「脱物質化」などでは決してない。むしろその逆である。

太陽光発電や風力発電は、確かにウランや石炭・天然ガスなどの燃料投入は必要ない。だが一方で、巨大な設備が数多く必要であるため、鉱物資源を大量に必要とする。のみならず、セメント、鉄、ガラス、プラスチックはもちろん、希少な鉱物資源であるレアアースも大量に必要になる。

太陽光発電と風力発電を推進すると莫大な鉱物資源を要するのだ。

日本も米国も、すでにあらゆるハイテク製造業において、レアアースの調達を中国に依存している。今後、太陽光発電、風力発電、電気自動車などを大量導入するとなると、仮に国産化するにしても、レアアースを筆頭にサプライチェーンの中国依存が深刻化するリスクが大きい。

また、中国製の太陽光発電や風力発電設備が日本の電力網に多数接続されると、サイバー攻撃のリスクが高まる。

トランプ米大統領（当時）は２０２０年5月1日、米国の電力網をサイバー攻撃から守るための大統領令に署名した。これは中国やロシアからの電力機器輸入の制限を念頭に置いたものだ。

電力網がサイバー攻撃の対象となっていることは、今や世界の常識である。２０１６年にはロシアのサイバー攻撃によってウクライナで停電が起きた。

今や中国はロシアと並んで、高いサイバー攻撃能力を有し、米国に脅威をもたらしている、と米国家情報長官は、米国とその同盟国に警鐘を鳴らした。

サイバー攻撃の内容は、ウイルスやバックドアによる情報の窃盗から、通信・制御システムの乗っ取り、遂には電力網の停電や、発電所の破壊にも及びかねない。

大統領令の対象は幅広く、送配電設備はもとより、太陽光発電設備も、風力発電設備も対象になっている。

特に再生可能エネルギーが厄介である。理由は、その数が極めて多いことにある。

原子力などの集中型の発電設備は、通常、重要な施設として、徹底して安全に保護されているので、容易には攻撃は成功しない。だが、それをわざわざ攻撃するよりも、どこにでも配備されている分散型の太陽光発電・風力発電を攻撃する方が難易度は低い。守る側としては、防御線が伸び切った状態になるので、守りにくい。

日本政府も電力網のサイバーセキュリティの強化に着手している。だが今のところは事業者の善意ある協力を前提としている。日本らしい方法だが、本当にこれで間に合うのか心配である。まだ中国製品の排除には至っていない。

米国では、太陽光発電用のインバーター市場のほとんどは、外国製ないしは外国企業に占められているという。中でも中国のシェアは47%に達する。これには世界最大の太陽光発電用インバーターメーカーであるファーウェイも含まれている。

日本では、一体どの程度、中国製品が入り込んでいるのだろうか。調査が必要だ。

インバーターとは、発電設備電力を送電網に送る装置である。そこがサイバー攻撃の対象になると、停電を引き起こしたり、他の発電設備を損傷させたりする可能性がある。

日本も、太陽光発電等の電力設備から、どのように中国製品を排除してゆくのか、導入がこれ以上進む前に、早急に検討する必要がある。

北京の指令で英国は大停電を起こす

現実に、中国企業に電力という重要インフラを握られてしまった国がある。英国である。英国の電気事業には、中国企業が深く浸透してしまった。彼らは中国共産党と表裏一体である。習近平中国国家主席は、いつでも大停電を起こし、ロンドンの政治中枢、シティーの金融、英国中の病院など、主要な社会維持機能を麻痺させることができるようになってしまった。

こう警告するのはオーストラリアの研究者であるクライブ・ハミルトン氏である。ハミルトン氏は、母国豪州が中国共産党の工作で危機に瀕しているといち早く悟り、著書『Silent Invasion』（日本語版は『目に見えぬ侵略　中国のオーストラリア支配計画』、飛鳥新社）でその実態を暴き警告を発した。これはベストセラーとなり、豪州の世論を動かし、今の対中強硬姿勢を招来した。

さらにこの続編として、この工作が世界全体に及んでいることを『HIDDEN HAND』（日本語版は『見えない手　中国共産党は世界をどう作り変えるか』、飛鳥新社）に著している。いずれも綿密な取材と実名による告発が満載の衝撃的著作である。

その彼による、英国への警告（「UnHerd」２０２１年1月25日）のポイントを紹介しよう。

中国の国有企業は共産党と密接な関係にあるが、近年になってこれがますます強化されている。

習近平氏は２０１６年に「党のリーダーシップは国有企業の根源であり、党の決定を実行するための重要な力になるべきである」と宣言した。

中国企業内には共産党組織があり、その書記は取締役会の意思決定を却下できる。習近平は２０１６年、党書記と代表取締役は同一人物にすべきだと布告した。

さらに、同年、中国は、海外在住の全ての中国国民に、北京の要請に応じて中国諜報機関を支援するよう義務付ける法律を可決した。

これは例えば、北京がスパイをするように命じた場合、ファーウェイ英国支社長はそれに従う義務がある、ということだ。

ハミルトンが懸念するのは、以上のことが、国営の中国広核集団（ＣＧＮ）に当てはまることだ。同社は、英国で建設中のヒンクリー・ポイント原子力発電所の3分の1を所有しているのみならず、サイズウェル原発とブラッドウェル原発にも関与を望んでいる。このＣＧＮの会長は共産党の幹部である。北京がＣＧＮに「何か」を命令すれば、英国に災いをもたらすかもしれない。

ＣＧＮには前科がある。２０１７年、米国ではＣＧＮの技術者が軍事用核技術の移転に関与した容疑で投獄された。これを受けて米国はＣＧＮをブラックリストに載せた。

中国企業の浸透は原子力発電所だけに留まらない。英国の太陽光発電や風力発電にも多額の投資があった。ＣＧＮ自体も、英国に二つの風力発電所を所有している。

さらには、中国の国営企業である中国華能集団が、いまウィルトシャーにヨーロッパ最大のバッテリーによる電力貯蔵施設を建設している。英国が再生可能エネルギーに移行するにつれ、システム全体の安定性のためにはバッテリーが増えてゆく。この中国華能集団の会長も中国共産党幹部である。

送電網・配電網に接続される中国製品

発電所よりもいっそう深刻なのは、発電所と変電所を繋ぐ送電網と、変電所からオフィスや家庭までをつなぐ配電網かもしれない。

英国では１９９０年以降、電気事業が民営化され、多くの事業が売買された。転売を繰り返した結果として、香港のＣＫグループ（長江実業）が、イングランド南部と南東部のみならず、ロンドンの配電までも管理するようになった。

ＣＫグループの経営者も中国共産党の組織である中国人民政治協商会議の執行委員に任命されている。香港が中国と同化していることで、今後、共産党の影響はますます強くなるだろう。

今やこのＣＫグループが、ロンドンを機能させるあらゆるものに電力を供給している。道路交通網、鉄道網、オフィスビル、ＡＴＭ、銀行などだ。

北京からの命令によってＣＫグループが動くと、この全てが突然停止するかもしれない。並行して民営化されたガス事業も、同じ運命をたどっている。ＣＫグループは、北イングランド、ウェールズ、およびイングランド南東部のガス供給を独占するようになった。

ハミルトンは著書『見えない手』で、日本の読者に語りかける。

〈もし民主主義国家が中国の膨張や覇権主義を止められず、彼らの思想が世界に広まり、経済力と軍事力でアメリカを凌駕《りようが》すれば、恐ろしい世界が到来します。私は中国共産党が指導する中国に支配された世界で生きたくありません。私たちがいま当たり前に享受《きようじゆ》しているすべての自由や権利が奪われます。自由なライフスタイルを、子供や孫の世代も享受してほしい。しかし、中国が支配する世界では不可能です。〉

日本の電力やガスは大丈夫だろうか。すでに太陽光発電事業には中国企業が参入して、発電所を所有し売電で利益を得ている。２０２０年末には、日本国内で太陽光発電事業を手がける中国の貿易会社とグループ会社の所得隠しが発覚した。

中国企業は太陽光発電の名目で多くの土地購入もしている。日本の送電網・配電網には、太陽光発電パネルなど、多くの中国製品が接続されている。

いま日本政府は「２０５０年CO_2ゼロ」を目指すとしている。これによって太陽光発電事業などの形で中国からの参入がさらに増えるとすれば、日本の電力網も英国と同様の危険に晒されるおそれがある。

英国の危機的状況を教訓として、ただちに日本も実効性ある対策を講じるべきではなかろうか。

グリーン投資とウイグル弾圧

太陽光発電・風力発電・バッテリーなどの「グリーン投資」の拡大が、レアアースなどの重要鉱物を筆頭に、日本経済の中国依存を深刻化させる。米国はこのことに気付き、対策を打っている。日本もサプライチェーンの脱中国化を図るべきであるし、実際に今後はそうした傾向になるだろう。

「グリーン投資」の危険

いわゆる「グリーン投資」としてもてはやされるのは、太陽光発電、風力発電、電気自動車に留まらない。

今後の省エネルギーの有力な手段と目されているのはデジタル化である。冷暖房のＡＩ（人工知能）制御、自動運転技術などである。これらもグリーン投資の対象となる。

厄介なのは、この全てがいわゆるハイテクであり、中国が高い製造能力を有しているのみならず、その産業が育つと、それはやがて中国の軍事力強化にも直結することだ。

今日のハイテクは、軍事技術なのか民生技術なのかは紙一重である。例えば、中国深圳はスマホ生産の一大拠点となった。だがその後すぐにドローン生産の一大拠点ともなった。ドローンの部品は、スマホの部品と共通点が多いからだ。周知のように、ドローンは現代の戦争において重要な武器である。

スマホの生産を中国に委ねたことで、世界は最大のドローン産業を育ててしまった。今後、中国でグリーン産業が隆盛するならば、必ずやそれは軍事転用され、さらに強力なハイテク軍事技術産業が中国に誕生することになるだろう。

米国ではサイバー攻撃の防御を理由として、ファーウェイなどの先端技術企業を排除する動きが広がっていることは、周知のとおりである。

一方で、あまり知られていないが、2020年5月1日には重要鉱物の「敵対的な」国からの輸入を見直すことを命じる大統領令が署名された。この「敵対的な」国とは中国を念頭に置いていることは間違いない。

ここでいう「重要鉱物」とは何か。鉄や銅などの大量に使われる金属が「ベースメタル」と呼ばれている一方で、希少な金属を「レアメタル」、さらにその一部が「レアアース」と呼ばれている。これらは先端技術には不可欠な素材となっている。

現在、米国はあらゆる鉱物資源を海外から輸入している。特に中国はその中でも最大の供給国である。

その中国が2019年、米国との貿易交渉において、レアアースの輸出規制をちらつかせた、と報じられている。レアアースは、米国を含め、世界中に存在する。しかし、先進国では環境規制が厳しく採算が合わないため、採掘されていない。

代わりに起きていることは、中国による独占的な供給状態である。いま、世界全体のレアアースの70％以上が中国国内で、ないしは中国企業によって採掘されているという。そしてこれは深刻な環境汚染を起こしている、としばしば報道されている。

トランプ政権は、鉱物資源を国産化すべく、国内の環境規制の緩和を図ってきた。米国が「重要鉱物の敵国依存」の低下に真剣になるのは、経済的な理由だけではない。軍事的な影響も大きいからだ。

暗視スコープやGPS搭載通信機等、あらゆる現代の軍事装備はハイテクであって、重要鉱物を多く使用している。

米国地質調査所は（USGS）は、鉱物やそれを利用した部品の貿易が遮断されることで、米国の安全保障が脅かされる、と警鐘を鳴らしている。

米国がファーウェイ等のハイテク企業排除に続いて、レアアースをはじめとする鉱物資源や太陽光発電などの電力設備の調達の脱中国化を進める以上、同盟諸国にも足並みを揃えるよう求めることは間違いないだろう。日本も当然その対象となる。

それに日本にとっても決して他人事ではない。いま米中摩擦と呼ばれているものは、中国共産党と自由陣営の長い争いの一部であり、日本は自由陣営に伍して自由・民主といった普遍的価値を守っていかねばならないからだ。

無論、中国が強大になるとしたら、真っ先にその影響を受けるのは、日本であって、米国ではない。

ＥＵにも重要鉱物の調達を脱中国化しようという動きが出てきた。だが今のところ、レアアースの98％を中国に依存していると報道されている。

いま中国は日本の輸出入総額の20％を超える最大の貿易相手国であり、日本が全体としての依存度を減らすのは容易ではない。

だが安全保障に直結する電力機器、ハイテクおよび鉱物資源については、中国依存からの脱却を速やかに進めるべきではないか。

ウイグル強制労働で太陽光発電か

サプライチェーンの見直しは、特に人権に関わるものであれば、最優先されるだろう。最近になって、太陽光発電事業が強制労働と関わっているという疑惑が持ち上がった。

世界で急速な伸びを見せる太陽光発電であるが、その生産の約半分は中国の新疆ウイグル自治区で行われている。これがウイグル人の強制労働によって生産されている可能性がある、と企業を名指しした衝撃的な報告が英語圏で報道された。海外企業はすでにサプライチェーンの見直しなどの対応を始めており、日本にも影響が及ぶのは必至だ。

世界の太陽光発電事業は年率20％で急速に成長しており、２０２６年までに22兆円規模になると予測されている。

太陽光発電にはさまざまな方式があるが、いま最も安価で大量に普及しているのは「多結晶シリコン方式」である。この太陽光発電の心臓部は、シリコン鉱石を精錬してできる多結晶シリコンと呼ばれる金属である。これに太陽光が当たることで電気が発生する。

世界における太陽光発電用の多結晶シリコンの80％は中国製であるという。そのうち半分以上が新疆ウイグル自治区における生産であり、世界に占める新疆ウイグル自治区の生産量のシェアはじつに45％に達すると推計されている。

中国、とりわけ新疆ウイグル自治区での生産量が多い理由は、電力が安価であることと環境基準が緩いことによる。多結晶シリコンの生産には、大量の電力が必要なので、安価な電力が必須である。またその生産過程では大気・土壌・水質等にさまざまな影響が生じうるので、環境基準が厳しい場所ではコスト高の要因になる。

新疆ウイグル自治区では強制労働が国際問題になってきた。ウイグル人が強制的に工場に収容され労働に従事させられている、というものだ。事実が確認されたとして、米国は今年（２０２１年）１月にウイグル自治区で生産された綿製品の輸入を禁止した。

そして最近になって、「太陽光発電産業も強制労働を用いている可能性あり」というコンサルタント会社のホライゾンアドバイザリーによる今年初めの報告が、英語圏のメディアで注目を集めている。

同報告によれば、世界第2位の多結晶シリコン製造事業者GCL-Poly Energyおよび同第6位のEast Hopeが強制労働の疑いのある「労働者の移転」プログラムに明白に参加している。他に名前が挙がったのは中国企業「ＤＡＱＯニュー・エナジー」や「ジンコソーラー」、「新特能源（シントー）」、さらにはシンガポール企業「ロンジソーラー」などであった。

ホライゾンアドバイザリーの共同創設者であるエミリー・ド・ラブルイエール氏の説明によると、同報告の分析では、地方自治体の公開記事および「労働者の移転」プログラムについてのローカルニュースを用いた、とする。

例えば、GCL-Poly社が新疆ウイグル自治区南部からの労働者の移転を受け入れたという記事が２０２０年3月からあり、ＧＣＬがそれら労働者に対して軍事訓練や労働訓練を実施している写真を見つけた、とのことだった。East Hope社についても、同社の子会社が「新疆ウイグル自治区南部から235人の少数民族の従業員を受け入れた」とインターネットに掲載したことによる。ただしこの記事は今では削除されているという。

太陽光発電に関係する企業は、米国のウイグル強制労働防止法や、それに追随するであろう諸国の規制への対応を検討している。すでに、米国の大手電力会社デューク・エナジーやフランスのエンジーなど、175の太陽光発電関連企業が、サプライチェーンに強制労働の事実がないことを保証する誓約書に署名した。

米国を拠点とするウイグル人の人権活動家ジュリー・ミルサップ氏は、新疆ウイグル自治区との関係を直ちに断ち切るよう企業に呼びかけている。

「ウイグルで活動しているサプライヤーと関係し続けることは、現代の奴隷制から利益を得ることであり、大量虐殺への加担だ」と彼女は言う。

中国当局によると、新疆ウイグル自治区の収容所は、貧困と分離主義に対応して設立された「職業教育センター」で、中国の外務省は強制労働という批判を「完全な嘘」と呼んで否定している。

今のところ焦点は「新疆」とくに「強制労働」だけに当たっている。だが、そもそも人権を尊重しない国家と取引すること自体が妥当であろうか、という意見も高まるかもしれない。

独裁国支援の「ESG投資」

昨今の環境ブームによって「ESG投資」という言葉がよく使われるが、「ESG投資」は社会的な要請に配慮した投資をすべきだという考え方である。その「E」は環境であるものの「S」は社会であり、人権の擁護はもちろんそこに含まれる。ちなみに「G」は企業統治（ガバナンス）である。

このコンセプト自体は悪くないのだが、実態としては、バランスを大きく欠いている。ESG投資は実態として判断基準が「CO^2」に偏重しており、しかも往々にして単なる「石炭火力発電バッシング」になってしまっているからだ。

つまり、今のESG投資では、次のようになっている。

1 自由陣営に属する東南アジアの開発途上国で石炭火力発電事業に投資することが事実上禁止されている。

2 中国製の太陽光発電設備や電気自動車用バッテリーの購入が奨励されている。

これには大いに問題がある。

問題は太陽光発電に限らない。化石燃料や原子力の利用を止めて、風力発電、電気自動車を用いることは、希少金属であるレアアースへの依存を高める。レアアースも中国および中国系企業が世界全体の7割を生産しているが、理由は多結晶シリコンと同様、環境規制が緩いためだ。

人権抑圧が事件になると、ごく限定的に、関係者との商取引が問題視されることは、これまでのESG投資の枠組みの中でもあった。だが、そもそも人権抑圧国家と商取引をしてよいのか否かについては、ESG投資はほぼお構いなしだった。

だからこそ、電力設備、先端技術、重要鉱物についても、ESG投資は、中国依存を強める原動力として作用してきた。

さほどのリスクでもないCO_2をゼロにしようとして、自由、民主といった基本的人権を犠牲にするのでは、本末転倒である。

残念ながら、今のESG投資のほとんどは、石炭を憎む一方で、独裁国家を支援しているということだ。

強制労働等の人権侵害の問題は、温暖化対策に深刻な課題を突き付ける。だがこれまでのところ国内メディアではあまり取り上げられていない。メディアは発奮して大いに取材し報道して欲しい。企業と政府は温暖化対策の在り方をいま根本から再検討しなければ、大きな間違いを犯すかもしれない。

今後、政府と金融機関は、ＥＳＧ投資の内容を見直し、CO_2偏重を止め、脱中国依存を新たな潮流にすべきである。

コラム

テクノロジーと中国の未来

2019年に天津市に行き、地方政府やエネルギー産業の方々と意見交換をする機会があった。中国は、世界のエネルギー産業を席捲した。大雑把に言うと、今や世界市場の半分以上が中国という感じだ。石炭火力発電、水力発電などの在来型のエネルギーはもとより、太陽光発電、風力発電、車載用のバッテリー、その原料のレアアースでも存在感は大きい。原子力やガスタービンではやや遅れているというが、これも時間の問題だろう。

太陽光発電や風力発電は、大量導入後の調整局面にはあるものの、欧州や日本でバブルが発生しては潰れる「ブーム・アンド・バスト」を繰り返した轍を踏んではいない。国内の電力市場もまだ伸びるし、火力発電の割合がまだまだ高いから、電力系統には余裕があるようだ。再エネ振興についての国の政策も安定感があり、上手く価格をコントロールしながら導入が続いていきそうだ。

中国は、確立した技術で安価に製造する能力が抜群だ。天津では、よく整備された広大なコンテナヤードを持つ港から、キレイな高速道路が延び、広大な工業団地がいくつも並ぶ。まだ経済は伸び続けて、国内市場は大きくなる。優秀な官僚、技術者も多く、低賃金の労働者もいる。

風力発電のブレード（羽根）の製造工場に行った。風力発電というとハイテクと思う人もいるかもしれないが、実は、ブレード工場というのは巨大なプラスチック成型工場に他ならない。基礎技術は輸入だけれども、工場で働くのは皆中国の人だ。次々と長さ70メートルのブレードが作られて、大型トラックで出荷され、港に積まれていく。インフラと人が一体になったこのような優れたシステムを作られては、日本は太刀打ちするのが難しい。

天津ではエコシティの実証試験をしていた。実証試験といっても、人口10万人の都市をゼロからつくったのだから、日本の実証試験とは桁が違う。あらゆる情報が集められスマート化・エコ化が試される。だが、コンテンツは率直に言っていまいちだった。自動運転の電気バスに乗ったが、これは人工的な街をのろのろ走るだけ、しかも区間も限られたものだ。顔認証システムによる無人レジスーパーにも行ったが、観光客にとって手続きが煩雑で不評だったため、システムを取り払ってしまった後だった。市内の駐車場のスマホ決済システムも、結構手間や時間がかかるし、結局係員は常駐していたりして、コスト削減にもなっていない。どうも一つ一つの技術は日本の方が上のものが多そうだ。けれども、統一的なコンセプトの下で、本物の人々10万人を相手に、プライパシーも気にせず情報を集めて分析し、本物の事業を実施できることは何といっても強みだ。

交通といえば、天津の自動車はすっかり大人しくなった。今や日本よりも交通ルールを遵守する。信号無視や一時停止は、映像を記録され、罰則が科されるようになり、一気に改善したそうだ。交通警察は膨大な映像を集め、違反者を追跡する映像統合システムまで導入している。天津の街もキレイで、ごみ一つ落ちていなかった。現地の人の話では、「狼藉がなくなりマナーが向上した」と評判が良かった。そういえば、つい10年前の中国は道を渡るのも怖かった。日本もあおり運転や痴漢防止のためにはこれを導入したほうが良いかもしれない。

ただし、中国は情報技術を別のことにも使いかねない。少なくともテレビや新聞の管理の厳しさは相変わらずだ。ちょうど香港の民主化運動が起きていたが、中国語放送は暴力的なシーンを映しテロリスト扱いをして、市民の安全が脅かされる、と一方的に言うだけ。ＣＮＮやＮＨＫも視聴できるが、香港の話題になると画面は真っ暗になり音が消える。日韓のいざこざも報道されていたが、中国語放送では、「日本の映像です」と言って、大音量で演説する一部の運動家を映し、おおいに日本の印象を悪くしていた。こんなことをやっても海外旅行に行けば情報はみな手に入るから、分かる人には何が起きているかよく分かっていると思いたいが、実際どうなのだろう。

中国でも地方の農村はまだ貧しく、経済成長はなお必要だ。社会秩序を失っても困るので、仮に民主化するにしても時間はかかるだろう。政治は急には変わりそうにないが、着実に、急速に進歩するのはテクノロジーで、それは世界中を豊かにする。「持てる者」が増えることで、皆戦争を嫌うようになり平和がもたらされ、また人権も擁護されるようになる日が訪れることを期待したい。ただし、その日までは、技術力や防衛力といった古い国力がモノを言い続ける。

数年のうちに全ゲノム調査の結果が出て、中国人も日本人も実はほとんど同じ人々だということがよく分かるだろう。文化的にもよく似ている。子供を大事にして、子供に投資する（時々受験勉強等をやらせ過ぎる）。日本の静謐なお寺は、中国の文化を引き継いだものだ。女性は照れると、何とも言えない、はにかんだ笑みを浮かべる。

第2章 脱炭素は国民経済を破壊する

小泉進次郎環境大臣

「五輪に出るときに金メダルを目指すといってはいけないのか。政治に大事なのは、高い目標を掲げて、官民の最大限の努力を引き出すことだ」

（2021年4月23日、産経新聞のインタビューで「目標達成できなかった場合の政治責任は」と問われて）

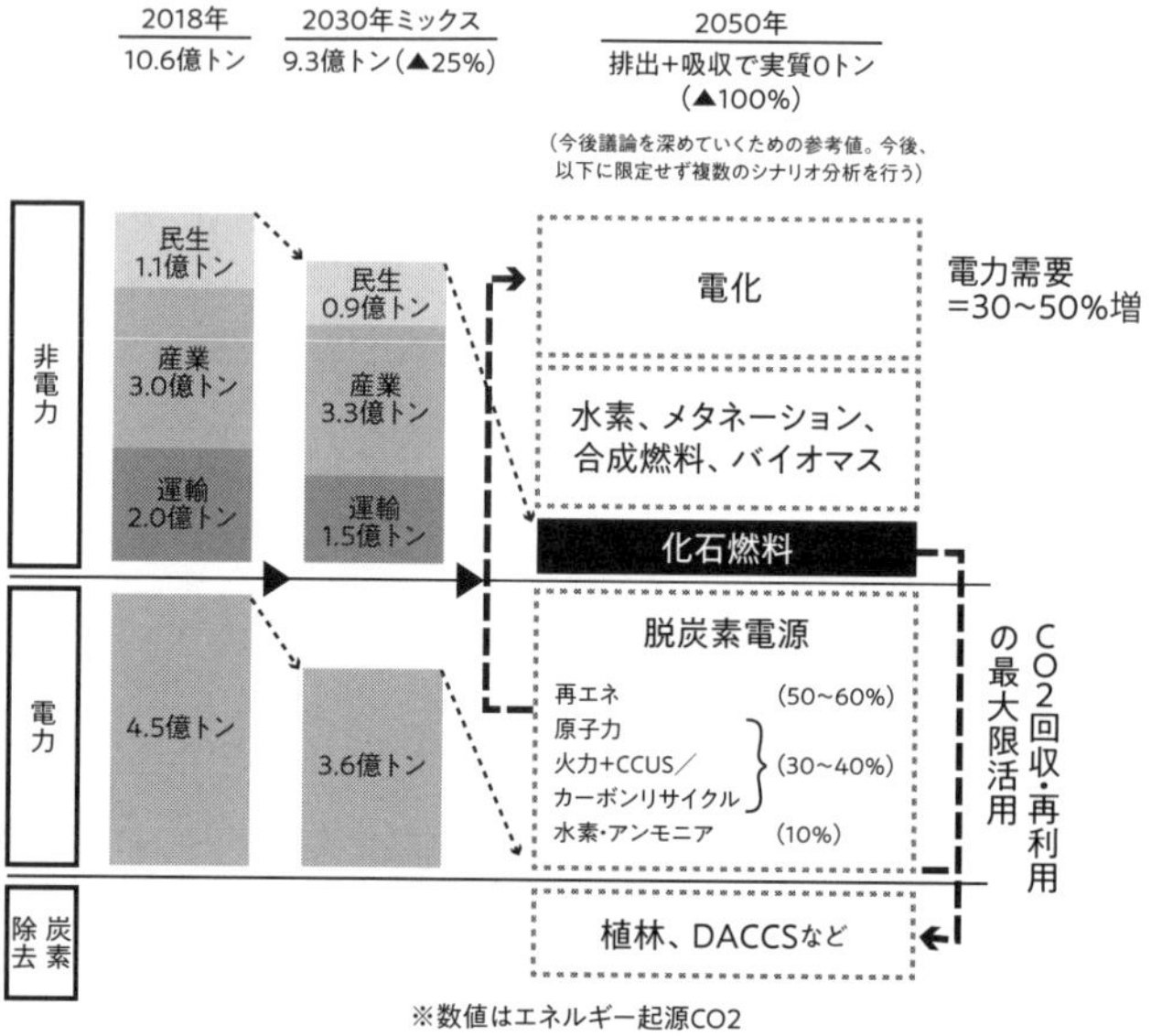

カーボンニュートラルへの転換イメージ
(出典　2050年カーボンニュートラルに伴うグリーン成長戦略)

政府「グリーン成長戦略」における2050年 CO_2 ゼロのイメージ。水素、CO_2 回収・貯留技術(CCUS)など、現時点では研究開発段階にすぎない未熟で高価な技術が大量導入される。出力が不安定な再生可能エネルギーが大量導入される。安価な化石燃料の使用を禁止し、脱炭素電力で置き換える。化石燃料を使う場合はCCUSを使用して CO_2 を排出しないことが強制される。今からあと30年でこのようにすることは常識的に考えても不可能だ。強引に達成しようとすれば国家予算規模の費用がかかり、国民経済は破壊される。

「２０５０年ＣＯ$_2$ゼロ」のコスト

日本は「２０５０年ＣＯ$_2$ゼロ」を宣言し、それを明記する形で２０２１年5月26日に改正地球温暖化対策推進法が成立した。だが一体、これを実現するためのコストはどのくらいになるのか。

「ＣＯ$_2$ゼロ」コストは国家予算に匹敵

菅義偉首相が２０２０年10月26日の所信表明演説で、「２０５０年までにＣＯ$_2$などの温室効果ガスの排出を実質ゼロにすることを目指す」と宣言した。ここで実質と言っているのは、化石燃料の使用などによるＣＯ$_2$の排出を植林などによる吸収で相殺するという意味だ。

このような「２０５０年ＣＯ$_2$ゼロ宣言」は、近年になって、西欧諸国が世界各国に圧力をかけて表明させてきたものだ。そうして国際政治的な「相場観」が形成されて、日本も追随して宣言することになった。

だが、この「２０５０年ゼロ」という数字には、技術的、経済的な実現可能性の検討が完全に欠落している。どのようにして「ゼロ」を達成するのか、具体的な計画を持ち合わせている国は一つもない。

それでも「２０５０年ゼロ」と言わないと「環境に後ろ向きだ」と糾弾されるようになったため、実施可能性の検討が全くないまま、日本も宣言するに至ったわけである。

一体、どうするのか？

２０２０年11月11日に開催された「グリーンイノベーション戦略推進会議」において、経産省系の研究機関であるＲＩＴＥ（地球環境産業技術研究機構）が資料を提示した。

そこでは、「CO_2ゼロ」を実現するための技術として、

・ＣＣＵＳ（CO_2を発電所や工場から回収し、地中に埋める）
・合成メタン（水素からメタンを合成して燃料として用いる）
・合成石油（水素から石油を合成して燃料として用いる）
・水素（石炭ではなく水素を用いて製鉄する）
・ＤＡＣ（大気中からCO_2を回収し、地中に埋める）

などが並んでいて、いずれも大規模に使われることが想定されている。

耳慣れない技術もあるが、それもそのはずで、これらのうち、世界のどこかで本格的な

普及に至ったものは一つもない。いずれもまだ、机上計算や実験室の中のものであり、せいぜいパイロットプラントがいくつかあるといったレベルだ。

「仮に」上記の技術が全て利用可能になったとしても、コストはいくらかかるのか？

ＲＩＴＥが先だって２０１６年に行った試算がある。

それによると、日本の温室効果ガスを８割削減するには、エネルギー供給についても電力供給についても「かなり無理のある」技術構成が必要である。のみならず、上述のような新規技術の大規模な普及も必要となる。

その２０５０年におけるコストは年間43兆円から72兆円、と試算されている。コストに30兆円もの幅が出るのは、原子力の利用をするか否かによる。

残り２割を削減するための費用は発表されていない。だが単純に比例計算するとしても、８割から10割に削減率を上げると、43×１・２５＝54兆円、ないし72×１・２５＝90兆円となる。

これは昨年度の一般会計、年間１０３兆円に匹敵する規模だ。国家予算に匹敵するこのような巨額を、温暖化対策だけのために使うことなど、正当化できるはずがない。

自治体「CO_2ゼロ宣言」と補助金

巨額の出費は心配だが、それ以前の問題がある。

そもそも、2050年までに前述のような新規技術を開発して、しかも大規模な普及に至るだろうか。

技術開発はそう容易ではない。

新しい技術は、まず机上の計算や実験室レベルの研究を経たのち、パイロットプラントで実証試験を行い、徐々にスケールアップして実用化に至る。この間には失敗はつきもので手戻り（やり直し）も多い。のみならず、実用化されるためには、多様な利害の調整が必要であるし、環境や安全への対策も必要になるし、コストも安くなければならない。

政治家や行政官が目標を決め年限を切って予算をつけたからといって、その筋書き通りに技術が普及する、と考えるのは虫が好すぎる。

「2050年CO_2ゼロ」目標は、「政治的に正しい」言い方をするならば、「極めて野心的」だとか「チャレンジングだ」と言えるだろう。

だが、政治的に正しくないが率直な言い方をするならば、「実現する確率はほぼゼロ」

だ。

霞ヶ関の中央政府だけでなく、地方自治体でも2050年までにCO_2排出をゼロにするという宣言が流行っている。環境省はそれを推進していて、宣言をした自治体の状況をホームページで誇らしげにマップ（地図）にまとめている。宣言した自治体の人口を合計すると1億1000万人を超えるという。

これらの宣言は、どれもこれも不真面目極まりない。具体的な計画もなければ、技術的・経済的な裏付けもない。そもそも2050年にCO_2をゼロにするなど不可能だから、具体的なことは誰も書けないわけだ。

もしも本気で2050年にCO_2をゼロにするとしたら、莫大な費用がかかり、失業者が続出し、経済は大打撃を受けるはずだ。家庭の設備は全部電化しなくてはならない。プロパンガス業者は廃業するのだろう。都市ガスも全部廃止するしかない。建設機械を全部電化するのか？　農業機械も全部電化するのか？　工場は閉鎖するのか？　病院のボイラーはどうするのか？

明らかに甚大な経済的影響のある宣言を自治体が表明するに当たって、住民に詳しく説明して合意を取ったという話も全く聞かない。住民の財産や雇用を守ることが使命である自治体がそれを放棄するのは重大な背信行為であり罪は深い。

読者諸賢もご自分の自治体を見て頂きたい。いつの間にかCO_2をゼロにすることを勝手に宣言されているのではなかろうか。

環境省はCO_2ゼロを宣言した自治体に優先的に補助金を割り当てると報道されている。これでますます多くの自治体が宣言をすることになりそうだ。だが具体性の全くない宣言だけで補助金が貰えるとは何ごとか。全く勉強しないのに、次のテストで100点を取ると宣言しただけで子供に小遣いを遣るようなものだ。

普通の感覚ではこの類は「嘘つき」や「泥棒」と呼ぶ。

石炭火力縮小、洋上風力推進、原発停止の値段

「2050年CO_2ゼロ」を目指そうとすると、コストは今すぐ発生する。

執筆現在、2030年に向けての政府の方針は「石炭火力発電を縮小」の一方で「洋上風力発電を拡大」としている。他方で本来はCO_2削減に最も寄与するはずの「原子力の再稼働」の話は相変わらずよく見えない。

話が複雑なことは百も承知で、「それで一体、お金はいくらかかるのか?」という、シ

ンプルな問いに、シンプルな概算で答えよう。

「２０３０年代のある1年」を想定して費用を概算する。データは透明性・再現性の観点から、一貫して政府の公式資料を用いる。

・「原子力を再稼働しない」コスト

原子力発電の総設備容量は２０２０年９月末現在、合計で３３０８万kWあった。このうち稼働中は僅か４４１万kWで、残りの２８６７万kWは停止中である。これを再稼働すると、必要な燃料費は３３９１億円である一方で、発電される電力には２兆６２２３億円の価値がある（発電された電力の価値は、いま日本で最も使われているＬＮＧ火力発電で評価。政府資料でＬＮＧ火力の発電コストは11・６円／kWh［キロワットアワー］）。

差し引き、再稼働しないことで、年間２兆２８３２億円の便益が失われている。

・「非効率石炭火力の９割削減」のコスト

日本政府は非効率な石炭火力発電の縮小について検討している。具体的な規模についてはその結果を待つことになるが、一部の報道にあるように、仮にその９割が削減されるならば、どうなるか。

対象となっている非効率石炭火力の発電電力量は1650億kWhである。この9割は1485億kWhである。既設の発電設備なので、これで発電するための最低限の費用は燃料費と運転維持費の合計であり、それは政府資料によれば6・8円/kWhとなる。

この費用を、発電される電力の価値から差し引くと、「非効率石炭火力の9割減」で失われる便益は年間7128億円となる（原子力と同様、電力の価値を評価するためにLNG火力の発電コスト11・6円/kWhを用いた）。

・「洋上風力1000万kW」のコスト

日本政府は洋上風力発電の拡大についても検討している。「洋上風力の産業競争力強化に向けた官民協議会」では、2030年までに1000万kW（ちなみに2040年まででは3000万kWから4500万kW）という目標に言及しているが、これはいくらかかるだろうか。

洋上風力の発電コストは高く、政府資料では30・3〜34・7円/kWhとなっている。ここでは平均をとって32・5円/kWhとして計算しよう。1000万kWを建設すると、設備利用率を30%として、その発電量は年間262・8億kWh（1000万kW×30%×8760時間）となる。すると年間の発電コストは８５４１億円（２６２・８億kWh×32・５円／kWh）となる。

他方で発電される電力の価値は２６２８億円しかない（石炭火力や原子力と異なり、風力発電は出力が間欠的なので、ＬＮＧ火力等の出力が安定した電源の発電コストと直接比較すべきではなく、回避可能費用と比較しなければならない。詳しくは後述する）。

両者を差し引くと、５９１３億円となる。

つまり洋上風力１０００万kWの建設によって年間５９００億円が失われる。

以上の試算に様々なご意見があることはよく承知している。だが、敢えて数字を示すのは、結論というよりは、問題の規模感を示すこと、及び、注意喚起のためである。

明らかに、原子力の再稼働の便益は巨大である。石炭火力の廃止のコストも大きい。洋上風力は、相当なコストダウンが実現しなければ、新たなコスト要因になってしまうということがお解りいただけるだろう。

すでに再生可能エネルギーの賦課金は年間2・4兆円を超え、増え続けている。今後も政策が原因でエネルギーコストがかさんでゆくと、日本経済へのダメージはますます大きくなってしまう。

以上の2030年の試算でも、すでにかなりの金額に上っている。先に「2050年CO$_2$ゼロ」を目指す、しかも原子力発電をあまり使わないとなると、国家予算に匹敵するコストがかかると書いたが、その一端を窺うことができる。

太陽光発電は高くつく

日本は今回、2030年のCO$_2$削減目標を26%から46%へと引き上げた。これまでの太陽光発電導入の実績から言えば1%あたり毎年1兆円の費用がかかっているので、単純に計算しても毎年20兆円の費用が追加でかかることになる。

小泉進次郎環境相は太陽光発電の設置の義務化を仄めかしているが、それを行えば、国民は疲弊し、産業は高コストになり、日本経済は弱体化する。

「太陽光発電は今や日本でも火力発電より安くなっている」という意見があるが、これは誤りであり、実際はかなり高い。「コロナ禍後の経済回復において日本は再生可能エネルギーの導入を拡大すべきだ」という意見があるが、これは電気料金の上昇を招き、経済回復を遅らせるので、誤りである。

「買いたい価格」と「押し売り価格」

コロナ禍後の経済回復のために「景気刺激策として、再生可能エネルギーの導入を拡大すべきだ」という意見が、米国、欧州の一部から聞こえるようになった。日本でも類似の意見が出ている。

再生可能エネルギー推進論者は「再生可能エネルギーは、今や他の発電方式より安い」ということをよく言うが、ここではその真偽を明らかにする（以下は公開されたデータに基づいて、本質を変えない範囲で可能な限り単純化している）。

再生可能エネルギー全量買取制度の下での日本の太陽光発電の入札価格は、２０２０年1月には「10・99円／kWhから13・00円／kWhの間」だった。

ただし入札の対象になっているのは２５０kW以上という大型の事業用太陽光発電のみである。小型の太陽光発電には、もっと高い買取価格が設定されていて、10kW未満であれば21円／kWhだ。

風力発電は、太陽光発電より全般に高価で、「陸上風力で16円／kWhプラス税、浮体式洋上風力では36円／kWhプラス税」となっている。

さて、以上の価格を石炭火力発電と比較してみよう。石炭火力発電のコストは、燃料費が5・5円／kWhであり、建設費・運転維持費等を足すと、「合計で9・3円／kWh」と政府は試算している。

一見すると、大型の太陽光発電と石炭火力発電のコストは互角になったように見える。実際、そのような意見もよく見かける。だがこれは初歩的な間違いである。

同じ「kWh（キロワットアワー）」、つまり発電電力量でも、両者の意味は全く違うのだ。太陽光発電は、電力を消費したい人がいようがいまいが、太陽が照った時だけに発電する。これに対して、石炭火力発電は、電力を消費したい人がいるときに、必要なだけの発電をする。

一見、同じ価格であっても、火力発電は「買いたい価格」であるのに対して、太陽光発電は「押し売り価格」であって、意味が違う。

電気は、消費に合わせて発電するからこそ価値があるのだ。

家庭の照明について考えよう。電気の価値は、スイッチを入れた時にきちんと照明がつくことにある。なぜ石炭火力発電ではこれが可能か。スイッチを入れると、それで電線に電流が流れ、それに応じて発電所で石炭ボイラーへの投入が増えて、追加分が発電されるようになっている。じつに巧妙な仕かけである。

これに対して、太陽光発電だけだと、たまたま日光が出た時だけ電気が送られるので、スイッチを入れても、太陽が照っていないと照明はつかない。これでは不便極まりない。そんな電気にお金を払いたくはない。

もちろん、これでは使い物にならないから、太陽が照っていないときのために備えて、石炭火力などの他の発電所を作っておく必要がある。これが現実に起きていることだ。

再生可能エネルギーの本当の価値

太陽光発電には、一体どれだけの価値があるのか？

簡単にするために、石炭火力発電と太陽光発電だけがある状況を考えてみる。

太陽光発電は、石炭火力発電を代替することはできない。太陽光発電が何キロワットあっても、それと同じだけの石炭火力発電を、いつでも運転できるように維持しておかねばならないからだ。太陽光発電設備を造ろうが造るまいが、石炭火力発電所の建設費と運転維持費はかかる。

つまり、太陽光発電の価値は、太陽が照っている時に限り、石炭火力発電の燃料を節約できる、というだけのことだ。

この節約分を「回避可能費用」という。これは石炭火力発電だと前述した燃料費である5・5円／kWhの価値にしかならない。

従って、全量買取制度の下で11～13円／kWhの価格で太陽光発電が導入されるというとき、このうち5・5円／kWhは石炭火力発電の燃料を節約することで取り返せる。だが残りの5・5～7・5円／kWhは、電力の消費者が負担することになる。

つまり大型の太陽光発電を1kWh増やすたびに、国民は5・5～7・5円を追加で負担せねばならない。大型の太陽光発電ならまだこのくらいですむが、小型の太陽光発電なら21円マイナス5・5円で15・5円の負担となる。

陸上風力発電なら16円マイナス5・5円で10・5円。浮体式風力発電なら36円マイナス5・5円で30・5円である。

実際には、これに加えて太陽光発電の導入量が増えるにつれて、発電量を抑制したり（＝捨てたり）、送電線を増強したり、変動する太陽光発電に合わせて火力発電の出力を急激に変動させたりすることで、さらにコストはかさむ（専門的になるので詳細は省く）。

再生可能エネルギー賦課金単価は2019年度には2・95円／kWhに達し、再生可能エネルギーの買取費用は３・６兆円、賦課金総額は２・４兆円となっている。事業者や家庭は毎年２・４兆円もの費用をすでに負担している。今後、再生可能エネルギーの導入がさらに拡大するならば、この賦課金はますます膨らむことになる。

いまコロナ禍で企業の財務状況は悪化し、生活は苦しくなっている。回復にはしばらく時間がかかるだろう。このようなときに、ますます電気料金の負担を増やすのは間違いだ。いま試すべきことは、全量買取制度を見直し、今後の再エネ導入量を大幅に縮小することだ。

政治家や行政官にとって、再生可能エネルギーには、危険な誘惑がある。イメージが良いので、投資拡大に支持を集めやすいかもしれない。またそれがすぐに巨額に上るので、景気対策として目立つ成果になりやすいかもしれない。大きなお金が動けば、それで仕事ができる事業者も多いからだ。

だが、再生可能エネルギーに投資することは、国全体として見るならば、きわめて無駄が大きい。上述したように、発電原価が総じて高いうえに、その便益はせいぜい化石燃料の節約ぐらいしかない。経済合理性は全くない。

再エネの投資よりも他に必要な投資はある。コロナ後の経済においては、リモートオフィス・リモート教育・リモート診療などのデジタル技術が活躍する。これは将来の温暖化対策技術のイノベーションへの布石にもなる。これを支えるインターネット等のインフラ整備には、莫大な投資が必要だ。

また近年、水害等への対策が不十分であったことが露呈しつつあり、防災インフラへの投資も必要だ。電気技術者も、建設業者も、自治体も、こういった、喫緊かつ費用対効果の高い仕事で十分に忙しくなるはずだ。

再生可能エネルギー投資を拡大する必要はない。

コストは国民に跳ね返る

太陽光発電が大量に導入されると、日照時一斉に発電するので、一時的に電力供給が過多になってしまう。それで太陽光発電の出力抑制をするわけだが、せっかくの電気がモッタイナイ、という意見が聞かれる。

しかし実は、今の日本の発電部門では、この程度ではない、はるかにモッタイナイ事態が多々起きている。

最新鋭の天然ガス火力発電所の方の話を聞いた。

そこではコンバインドサイクル発電という技術が使われている。これはまず天然ガスでガスタービン（タービン＝羽根車）を回す。これは飛行機のジェットエンジンと原理は同じもので見かけもよく似ている。飛行機だとジェットエンジンから熱い排気が出るが、ガスタービンではその排気を集めてお湯を沸かし、蒸気タービンを回す。タービンがこのように二段仕かけになっているので、コンバインド（＝複合）サイクル発電と呼ばれている。

排熱も徹底して活用するので、発電効率は極めて高くなっている。その代わり、発電設備の費用も高い。ということは、一度建設したら、できるだけ運転した方がお得ということだ。

しかし今では、昼間は太陽光で発電するようになったので、この最新鋭の天然ガス火力発電所の出力はかなり落としているという。これでは、なんのために高い費用を払って、世界最高の効率の設備を建設したのか。これがまずモッタイナイ。

次にガスタービンを完全に止められるなら、ある意味、まだマシだが、そうではないという問題がある。太陽がいつ照るか分からないので、実はこの発電所では太陽光の出力に合わせて、いつでも出力を上げたり下げたりできるように、いくつかのガスタービンを中途半端に回しているというのである。だがエンジンというのは、中途半端に回すと効率が悪い。これまたモッタイナイ。

さらに古参の石油火力発電所を訪問したらこれもまたモッタイナイ話だった。

かつては、石油火力発電所はフル稼働し、日本の電力供給を支えた。この発電所もそうで、排煙・排水処理設備を導入して公害対策も徹底した。

その後、この発電所はピーク電力（その日の最大電力使用）の対応に回っていたが、最近ではあまり稼働しなくなった。太陽光で昼間に発電するようになったからである。せっかく高度な公害対策までしているのに、これまたモッタイナイ話である。

そういうわけで、この発電所は電気が売れず、採算が合わなくなっている。

しかし、この発電所がなくなると、実は困る。猛暑になったり、地震が来たりして、電力需給が逼迫したときには、この発電所が稼働しなければ、節電が必要になったり、場合によっては大停電を招いて、経済が大きな打撃を受けるからだ。もしもこの発電所が廃止という事態に追い込まれると、これまたモッタイナイ話になる。

いざという時のための発電設備は絶対に必要なのだ。

今、この石油火力発電所が稼働するときには、できるだけ太陽光発電の出力や電力需要の変動に合わせているけれども、これはあまり急激にはできない。やはり太陽光の出力抑制は必要になる。

石油火力発電所では、出力変化に際して、ボイラー（＝石油でお湯を沸かす装置）・蒸気タービン・発電機の全てを注意深く制御しなければならない。ボイラー一つとっても、急激に温度を上げれば、急激に熱膨張して、故障の原因となる。冷たいガラスコップに熱いお湯をいきなり注ぐと、ヒビが入ってしまうが、これと同じことだ。

この石油発電所のボイラーは、高さ50メートルにも上る。これを稼働させると、１％ぐらい熱で膨張するが、50メートルの１％というと、実に50センチメートルにもなる。これだけ膨張するので、ボイラーは地面に建設するのではなく、高さ50メートル超のやぐらから吊るしてある。それでも、あまり急激に熱するとやはり傷むので、ゼロからフル出力に到達するまでには、数時間はかかる。

そしてやはり、一番モッタイナイのは、動いていない原子力発電所である。原子力発電所は、一度建設が完了してしまえば、燃料費は僅かで済む。だから、原子力発電所が動かないというのは実にモッタイナイ。

つまり、太陽光発電の出力抑制も確かにモッタイナイけれども、金額的なことを言えば、天然ガスや石油等の火力発電所や、原子力発電所の方が、遥かにモッタイナイことが起きている。問題は、全量買取制度による太陽光発電の大量導入と、原子力発電所の再稼働の遅れなのだ。そしてこのコストは、最後には、国民一人ひとりに降りかかってくる。

電力安全保障

今、電力供給の強靭化の要請が高まっている。コロナ禍によって、電力インフラの安定的な運営が脅かされている。またこれと同時に、豪雨・台風・地震が発生する可能性が指摘されている。

地政学的なリスクも高まっている。北朝鮮はミサイル実験を繰り返している。中国は東シナ海・南シナ海で軍事活動を活発化している。ホルムズ海峡では２０１９年に日本のタンカーが砲撃を受け炎上した。

今後は、日本に対して、サイバーテロ、バイオテロを含め、テロ攻撃が複合的に遂行される可能性にも備えなければならない。そのような悪意ある攻撃は、何らかの自然災害のタイミングに合わせて発動されるかもしれない。現代では、大規模な軍事攻撃こそ稀になったが、低強度の紛争は頻発し、そこでは、電力インフラは攻撃対象になっている。

ウクライナでは、電力インフラがたびたびサイバーテロの攻撃対象になり、２０１５年と2016年には大規模な停電が起きた。他方で、コロナ禍は、感染症が社会経済を麻痺させることを実証し、バイオテロの脅威への認識が新たになった。

高まる強靭性への要請を受けて、エネルギー供給強靭化法が2020年6月に成立した。そこでは、電力供給の強靭化については、①災害時の連携強化、②送配電網の強靭化、③災害に強い分散型電力システム、といったことが、法のポイントとして挙げられている。なお同法の背景となる政府の考え方は、エネルギー白書2020に詳しく記述されている。

上記③の内容を見ると、太陽光発電・風力発電等の再生可能エネルギー、バッテリー、緊急時の送電網・配電網の独立運用などに言及されている。だがここには、重要な視点が欠落している。それは、火力発電が強靭な電力供給源として果たす役割である。

大規模な火力発電所はもちろんのこと、小規模な火力発電所であっても、それが送電網に分散して配置されていることで、電力供給は、縷々述べてきた多様なリスクに対して強靭になる。

このことは、2018年に起きた北海道の大停電においても明らかになった。泊《とまり》原子力発電所が停止したため、苫東厚真《とまとうあつま》発電所1カ所に発電能力が集中していた。その苫東厚真が震災に遭ったことで、大規模な停電が起きたのである。もしもこのとき、十分な数の火力発電所が道内に分散して稼働していれば、停電は回避できたはずだ。

停電からの復旧過程においても、地震によって多くの不具合が発生した混乱の中で、不安定になりがちな電力供給を安定的に回復させてゆくためには、自然任せの太陽光発電や風力発電ではなく、自在に出力を操作できる火力発電所が不可欠だった。このうち、石炭火力としては、砂川発電所と奈井江発電所が活躍した。

2011年の東日本大震災においても、津波で太平洋沿岸の発電設備が軒並み被災した中、日本海側といわき市に立地していた火力発電所が、停電からの復旧を支え、また夏場にはフル稼働して電力不足に対応した。このうち石炭火力としては、能代《のしろ》火力発電所、酒田共同火力発電所、常磐共同火力勿来《なこそ》発電所が活躍した。

エネルギー白書2020等の政府のエネルギー供給強靭化の記述において、強靭化のための分散型電源として、再生可能エネルギーには何度も言及されているのに、火力発電が出てこないのは全く奇妙である。太陽光発電や風力発電等の再生可能エネルギーは、そのシェアが増えると、むしろ電力供給を脆弱化する。特に、停電からの復旧時には、出力が不安定なためお荷物になる。他方で、火力発電が分散して存在すると、電力供給は強靭化する。

複合リスク対策には石炭火力

日本は一次エネルギーの約４割を石油に頼っており、その９割は中東に依存している。ＬＮＧ（液化天然ガス）は供給の安定性を増しつつあるものの、蒸発しやすいために備蓄期間には限度がある。原子力発電は、残念ながら、再稼働の見通しがはっきりしない。他方で、石炭の供給は安定しており、チョークポイントの制約もない。

先述のようにコロナ禍と台風・豪雨・地震などの自然災害が同時発生することは、すでに現実味あるシナリオとして検討されている。もしそのタイミングで、領土的野心を持つ国が軍事的に攻撃してくるならば、日本の混乱を狙って、エネルギーインフラに対するサイバーテロやバイオテロも同時に仕かけてくるだろう。それでも停電に陥らないためには、あるいは、仮に停電になったとしても、速やかに復旧するためには、火力発電所が国内に多くあった方がよいのではなかろうか。

また、その燃料も、ＬＮＧや石油だけでなく、石炭があり、石炭火力発電所の貯炭場に何十日分かの燃料が置いてあるというふうに分散させることが望ましいのではなかろうか。

小型の発電所が経年化し維持費が高くなり、より技術が進んで高効率化した大型の発電所でリプレースされてゆく、というサイクルは、かつて日本が辿ってきた道であり、また経済性がある。縷々《るる》述べてきた多面的な価値が正当に評価された上で、経済的判断のもと、小型の石炭火力発電所が減少する、というならば合理的である。

だがいま日本政府が打ち出している石炭火力縮小の方針については、それが経済的に不合理な範囲まで踏み込んでしまうのではないか、という懸念があることは前述した。

これに加えて、ここで提起したことは、複合リスクに対する電力供給の強靭化の観点から、既存の石炭火力発電所は仮に経済性がある程度失われていても、廃止しないほうがよいのではないか、ということだ。

これを制度設計に反映する方法としては、例えば、石炭火力の多面的な価値を算出し、電気料金の一定割合をそれへの支払いに充てるという方法がある。

増加する再生可能エネルギーのコスト

「2050年CO_2ゼロ」が実現可能だと主張する人たちは、技術進歩によって太陽光発電や風力発電などの再生可能エネルギーのコストが下がり続けると信じていることが多い。

ところが話はそう単純ではない。

ドイツの風力発電がストップ

ドイツは風力発電先進国であったが、ここに来て異変が生じている。２０１９年の1月から6月までの間、陸上に僅か35基しか建設されなかったのだ。ちなみに国の目標達成のためには２０３０年までにあと１４００基を建設する必要があるとされている。

異変の最大の理由は、生態系への影響、景観、騒音等の環境問題だ。特に最近では、風力発電の羽根に当たり野鳥が多く死んでいることが重大な問題とされている。他にも、風力発電支援制度の変更、送電線建設の遅れなどの理由もある。しかし、森林や野生生物についての環境保護規制が「風力発電計画にとっての絶対的な障害である」と風力発電事業者が述べるに至っている。

そもそも、再生可能エネルギーが本当に環境に優しいどうか、という点については古くから異論があった。風力発電の場合、同じだけのエネルギーを生産するために必要な面積は火力発電や原子力発電よりもはるかに大きいから、自然生態系への介入の度合いもそれに比例して増える、という側面がある。

風力発電が拡大してきたことで、かかる環境への影響が顕在化してきた。どのようなエネルギー生産技術でも、それがスケールアップして、多くのエネルギーを生産するようになった時には、環境問題が顕在化する。風力発電は、はじめは小さな風車が二、三あるにすぎず、牧歌的な雰囲気があった。しかしそれは、ごく僅かな電力しか生まないときに限られるものであった。

いまドイツでは洋上風力がブームになっているが、これはじつは陸上での行き詰まりの反映でもある。

洋上風力は、陸上に比べてかなりコストが割高になる。一定のコストダウンは期待されるけれども、基礎工事などの土木工事費用が大きいコスト構造であるために、大幅なコストダウンには限界があると思われる。また、同じ洋上であっても、環境問題への配慮によって、陸からさらに遠く、さらに深い場所への立地が求められる、という傾向があり、これは継続的なコストアップ要因になる。浮体式の洋上風力ではさらにコストが高くなる。

さらに、洋上風力も、今後環境問題によって建設が進まなくなる可能性がある。浅い海は、魚が多く、それを餌とする鳥も多い、豊かな生態系である。まだ研究が進んでいないから生態系への影響が解っていないだけで、今後、急速に研究が進むにつれて、そう遠くない将来に環境問題が重要視されることは十分に予想される。

風力発電は、今後どうなるのだろうか？

ドイツでこれだけ環境問題がこじれてしまうと、陸上で復権することは難しく思える。洋上も同様になる可能性がある。欧州では今後、風力発電はほとんど進まなくなるのかもしれない。

コスト増は原子力発電だけではない

環境コストの増加は、風力発電に特異なことではない。専門的には「ネガティブ・ラーニング（負の学習）」と呼ぶ。

通常、技術は進歩して、出力・環境性能・安全性能などの仕様を一定にするならば、コストは低下する。例えば太陽電池について、横軸に時間をとり、縦軸に発電単価（円／kWh）を取ると、右下がりの曲線が得られる。このような曲線を、コストの学習曲線と呼ぶ。

なお、軸の取り方には様々な変化形がある。例えば横軸は累積の生産量（kW）でもよい。縦軸は設備費用（円／kW）でもよい。

学習曲線に沿ったコスト低減はあらゆる技術で普遍的に見られるが、その根本的な理由は、技術進歩が不可逆だからだ。例えば研究開発によって新しい製造方法が開発されたり、工場での経験を通じて生産工程が改善されることで、コストが低下する。また設備が大型化したり、大量生産が行われることでもコストが低下する。

その中にあって、原子力発電についてはいくつかの国で時間とともに設備費用が高くなるという逆転現象が観察されていて、ネガティブ・ラーニングと名付けられた。ちなみに、ネガティブという言葉には、単純な数学的な意味での負という意味合いと、道徳的に「悪い」という意味合いがあるが、原子力についてネガティブ・ラーニングを強調する論者は、暗に原子力を悪いものと仄めかしている。

では、原子力発電のネガティブ・ラーニングはなぜ起こったか。それは安全規制が強化され、対策の費用がかさむようになったためである。

これを指して、ＩＰＣＣなどの国際的な場において、原子力発電だけが特異な技術であるかのような主張がなされることがままある。

しかし、風力発電について起きていることもまさに同じ構造であり、このネガティブ・ラーニングは普遍的な現象であることが解る。

つまり、より一般的に言えば、どのような発電技術であれ、技術進歩は不可逆なので、基本的にはコストは時間とともに下がる。しかし、大規模に普及してゆくにつれて、環境問題や安全問題が顕在化してゆき、対策が求められるので、これはコスト増の要因となる。その結果、コストが増加に転じることがある。また、そこまで行かなくても、コストの低減が進まなくなることがある。

次にまとめておこう。

・火力発電は、出力や環境性能の仕様を一定にすればコストは低下し続けてきた。しかし、公害対策が求められるようになったために、排煙処理などの付帯設備が設置されるようになり、これはコスト増要因となっている。

・水力発電の技術自体は古くに成熟し、その後、退歩したわけではもちろんない。しかし、開発途上国における水力発電は、大型のダム式の方がコスト的には有利である場合でも、環境問題があるとされて、小規模でダムを伴わない水力発電所が建設されるようになっている。これもコスト増加を招いている。

・風力発電については、これまでは環境問題はそれほど大きな要因とはならず、羽根を大型化すること等によってコストは低減してきた。しかし、いまドイツでは環境問題が顕在化しつつあり、どうやら陸上ではこのコストが折り合わないほど高くなったようだ。このため、風力発電は洋上に移行し、これがコスト増要因となっている。今後は、さらに深く遠い場所への立地が求められ、最悪の場合は建設が禁止されてしまうかもしれない。

英国でも風力発電のコストは上昇している

実際にネガティブ・ラーニングが起きている英国の例を見てみよう。

「風力発電のコストは下がり続けている」という意見をよく聞く。

確かに、英国で陸上・洋上風力事業に対して販売価格（＝ストライク価格と呼ばれる）を設定するオークションの価格は下がり続けている。

しかし、本当はコストは上昇していると英国の再生可能エネルギー財団（Renewable Energy Foundation、ジョン・コンスタブル所長）が２０２０年11月に報告している。

将来のコストについて、よく設けられる想定は、学習曲線に沿って「容量が倍増するたびに、コストが15％減少する」というものである。ところが再生可能エネルギー財団が、企業の監査済み会計報告を分析したところ、そうではなかったのだ。

報告書は、英国の洋上風力の資本費を、容量メガワット（MW）あたりのポンドで調べた。

この資本費には送電線への接続コストを含めている。

すると、ヨーロッパにおける累積設備容量が倍増するたびに、英国の洋上風力のコストは減少するどころか、約15％ずつ増加してきたのである。

理由は、時間とともに、より海岸から遠く、深い立地場所を使用することを余儀なくされたためだった。

ちなみに日本で期待されている浮体式風力発電は、深い海における洋上風力発電と比べても2倍以上のコストになっている。

陸上風力のデータも同じ傾向にある。つまり、開発が困難なサイト（用地）の使用を迫られるため、平均資本費は時間とともに増加してきた。

洋上・陸上風力発電のコスト上昇のトレンドは、発電設備の大型化によるコスト削減のメリットを、凌駕してきたのである。

では、運転費についてはどうか。

洋上風力事業の平均運転費について、メガワット（MW）あたり年間ポンドで評価したところ、これも時間の経過とともに、減少するのではなく、増大してきた。新規事業の運転費は増大傾向にある。また既存事業についても、操業年数とともに運転費は増大している。

先にも述べたが、このようなコスト上昇にもかかわらず、英国で陸上・洋上風力事業に対して電力の販売価格（ストライク価格）を設定するオークションの価格は安くなっている。

再生可能エネルギー財団の報告は、そのストライク価格を、「投資契約」「ラウンド1」「ラウンド2」の三つの段階に分けて調査している。

陸上風力の場合、「ラウンド1」の平均ストライク価格は、英国の陸上風力の実際のコストを反映したもので、MWhあたり90から95ポンドの範囲だった。

だが、洋上風力の場合は、「投資契約」の段階ではストライク価格161ポンドは損益分岐価格に近くて妥当だったものの、これに続く「ラウンド1」と「ラウンド2」では、ストライク価格は低すぎて正当化できないものだったのだ。

「ラウンド1」では、平均のストライク価格はMWhあたり112ポンドで、これを正当化するためには、15年間一定して58%という高い設備利用率が必要になるという分析結果になっている。だが、このような高い性能は全く望むべくもない。

というのは、風力発電設備は故障が多いため、利用率は、時間とともに大きく下がるからだ。同報告のデンマークの風力発電についての分析では、陸上風力の平均設備利用率は、発電設備の操業年数に応じて年率約3%の割合で低下、洋上風力では平均設備利用率は年率約４・５％の割合で低下したのである。

つまり初年度に設備利用率が35％の陸上風力であっても、12年間の操業の後には、25％の設備利用率しか期待できないことになる。この落ち込みは洋上風力だとなお顕著になり、初年度の設備利用率が55％でも、12年間の操業の後には僅か33％になってしまうということになる。

「ラウンド２」では、洋上風力の平均ストライク価格はさらに下がってMWhあたり65ポンドであった。損益分岐価格をそのレベルまで下げるには、２００９年に完了した浅い海での事業と同等の低い運転費を想定した上で、60％という高い設備利用率を一貫して想定する必要がある。このような仮定は幻想にすぎない。

このように実際には、陸上風力と洋上風力のコストはまったく下がらず、特に洋上風力では非常に高いままであったにもかかわらず、事業者の見通しも金融機関の査定も甘かったために、近年のオークションでは非常に低い価格で落札された。価格が低いもう一つの理由は、それが事業を実施する権利の価格であり、義務の価格ではないことである。したがって、落札した事業者は結局のところ撤退するかもしれない。だがもし事業が実施されるならば、大きな赤字になり、風力発電事業者や金融機関の政府による救済は避けられない、と再生可能エネルギー財団は警告している。

輸入水素発電に経済性はあるのか

本章の冒頭に、「CO_2ゼロ」のためには国家予算並みのコストがかかると書いたが、そこで想定されている技術の一つは水素である。水素発電に経済的な実施可能性はあるのだろうか。またそのときの内外価格差はどうなるのだろうか。

相当な技術的ブレークスルーが必要

日本政府の「水素基本戦略」（経産省、２０１７年12月26日）では、水素燃料電池自動車（ＦＣＶ）の導入などが謳われている。

日本で水素を利用するための最大の課題はコストである。同戦略では、コスト低減のためにはスケールメリットを必要としており、「水素を大量消費する水素発電を導入することで、水素需要を飛躍的に増加させることが重要である」との記述がある。水素発電の候補としては、海外からの輸入水素による発電を挙げている。

同戦略に示された2030年の輸入水素のコスト目標は、30円／Nm³（プラント引渡しコストベース。現在の水素ステーションにおける水素価格の3分の1以下に相当）である（ちなみに、Nm³はノルマルリューベと読み、標準状態の気体量を表す）。また、水素発電コストの目標は17円／kWhとなっている。

では、この水素発電に経済的な実施可能性はあるのだろうか。

ややデータは古いが、NEDO（新エネルギー・産業技術総合開発機構）の2015年報告では、NEDOが1999年に実施したコスト積算が示されている。

そこでは、海外で僅か2円／kWhである水力発電を利用して水素を製造・輸入し、日本で発電すると、発電コストが32円／kWh程度、という試算になっている。

この試算には、船舶による輸送が難しいという水素の弱点が如実に表れている。だいぶ前に筆者はこの試算を見て、水素発電には将来性がないと感じた。

水素を輸入するには、液体水素にする方法があるが、液化には多大な動力を要する。液化以外の方法としては、水素からメタノールやアンモニアを合成して運ぶという方法があるが、化学的な合成をして、また水素に戻すためには、やはり多大なエネルギーを要する。水素を造り、それを液化するか化学的な合成をして、また水素に戻すという一連のシステムにおいては、多くのエネルギーが必要となるのだ。

これに付随した設備費用もかさむ。

2円の電気が32円に化けるという陰鬱な状況はその後、改善しているのだろうか。

電力中央研究所の2020年の報告では、2030年の発電所渡しの価格は、豪州の褐炭（品質の低い石炭）で製造する水素（CO_2は回収・地中貯留を想定）では40・7円／Nm^3となっている。これは「水素基本戦略」の目標である30円／Nm^3よりもかなり高い。

その内訳は、褐炭由来の水素を製造するまでのコストは10円／Nm^3であるものの、輸送に関わるコスト（液化の設備費・運転維持費・電力費、および積荷基地貯蔵、国際輸送、荷揚基地貯蔵と気化）が30・7円／Nm^3と試算されている。

依然として、輸送に関わるコストが高い。

同報告では、太陽光発電・風力発電を利用した水素製造では、さらにコストはかさみ、53円／Nm^3前後としている。ただし、水素製造設備と発電設備の規模の比を変更することで46円／Nm^3まで下げることができる（同試算の正誤表による）、としている。

同報告で解せないのは、安価なベースロード電源である原子力発電を使えばどうなるかを示していないことだ。

同報告にはコスト構造が示してあるが、再生可能エネルギーは間欠的であるために、電気分解の設備利用率が低くなり、水素利用量あたりの設備費用が大きくなっている。しかし、原子力発電を用いれば電気分解の設備利用率は著しく高く安定するので、褐炭由来の水素と遜色がなさそうに思える。さらに将来的には、原子力発電で単純に水の電気分解をするのではなく、高温ガス炉（減速材に黒鉛、冷却材にヘリウムを用いる原子炉）で発生する熱を用いて水素を製造する方が一層経済性があると見られている。

また、原子力のみに頼らずとも、日本で原子力・再生可能エネルギー・LNG火力発電などからなる低炭素なベースロードが構築されていくならば、それをフル活用した電気分解設備で、豪州からの輸入水素ならば十分に対抗できる価格水準になるのではないかと推察される。

なお褐炭由来の水素製造については、褐炭の分解による水素製造工程、CCS（CO_2回収・貯留）工程など、まだ開発されていない技術があり、全体の仕上がりコストがどうなるかもわからない。また、CCSを利用するといっても、他のCCSシステムと同様に、CO_2は全量が地中貯留されるのではなく、一定割合は大気中に放出されるであろうから、莫大な量の褐炭を使用するのであれば、果たしてどの程度「CO_2フリー」と呼べるのかについても予断を許さない。

水素エネルギーは内外価格差がネック

日本の企業は長い間エネルギーの内外価格差に苦しんできた。

歴史的には、産業用電力価格の内外価格差によって、アルミ精錬、シリコン精錬などの工程は、ことごとく海外に依存するようになった。

天然ガス価格は、シェールガス開発が進んでから、ますます内外価格差が開いた。そのため、今でも米国などではエチレン製造などの化学工場が建設されているが、日本では化学工場は閉鎖される一方である。

日本の製鉄業が今日まで国際競争で生き残っているのは、高い技術力もさりながら、石炭については内外価格差がそれほど大きくなかったことによる。

今後水素を輸入して用いるとなると、内外価格差が懸念される。

仮に日本で水素発電のコストが下がるとしても、そのときの海外の発電コストは遥かに安くなっているだろうから、内外価格差は絶望的に大きいということである。これでは、電力多消費産業は、国内で操業するのではなく、海外に出てゆくことになるだろう。

例えば、カナダで2円／kWhの電気が使えるのに、わざわざ日本で32円／kWhの電気を使うだろうか、ということだ。

水素をアンモニアに変換して輸送し、発電に用いるといった技術進歩によって32円／kWhが引き下げられて「水素基本戦略」で目指す17円／kWhを達成したとしても、やはり内外価格差が絶望的に大きいことに変わりはない。

気を付けなければならないのは、これからの電力多消費産業は、素材産業とは限らないことである。例えば情報通信技術（ＩＣＴ）の電力消費は今や全体の1割に達する。データセンターは多くの電力を消費するのである。ビットコイン（仮想通貨）のマイニング（＝採掘。取引を承認する作業）は中国で多く行われてきたが、これは電力消費が大きいため、電力が安価なことが有利に作用した。

発電以外の用途でも、内外価格差は気になる。例えば製鉄業が鉄鉱石を水素で還元して製鉄する「水素還元製鉄」をするときに、輸入水素を用いたのでは内外価格差はやはり大きくなってしまう。豪州で安価に水素が造れるならば、水素還元製鉄所は豪州に立地することになってしまうのではないだろうか。そうすると自動車製造などの日本のサプライチェーンは大きな影響を受けることになる。

つまり、輸入水素を用いた発電や製鉄の基礎的な研究には意義があるが、このような内外格差を克服できるか、経済的な実施可能性があるかを慎重に見極める必要があるということだ。性急にスケールアップを始めると、無駄遣いに終わる可能性がある。

水素供給手段としては、海外から輸入する以外にも、低炭素化したベースロード電源を利用する電気分解や、高温ガス原子炉の利用もある。将来的には、人工光合成もありうる。

今はいたずらにスケールアップを急がず、複数の方式を競わせつつ、基礎的な研究を進め、低コスト化への道筋を模索すべきではないか。

コラム

自動車業界の本当の使命

２０１８年、ラオスに行った。ラオスは海岸がない内陸国である。周囲は中国・タイ・ベトナム・カンボジア・ミャンマーといった新興国に囲まれている。ラオスが発展するためにはこれら諸国との交易が鍵となる。それで高速道路建設や鉄道建設に大きな期待が寄せられ、日本や中国をはじめとして多くの国が援助をしている。

昨今の日本では持続可能な開発目標（ＳＤＧｓ）がキーワードになっている。例えばクルマ業界はどうすれば持続可能な開発に寄与できるだろうかと、ラオスで考えた。そしてその最たるものは、実はクルマ本来の機能であるモビリティそのものであると気づいた。

ラオスは東南アジアでも所得水準が最低レベルだが、タイプラスワンないしチャイナプラスワンとして、製造業も立地しつつある。工業団地の日本企業を訪ねると、多くの女性労働者が働いていた。これまでは農村で自給自足的な生活をしていたが、今では縫製や電機部品の組み立てに従事している。

通勤の足は会社が提供するバスであり、朝夕に村々を巡回している。道が未舗装の場合はバスに代えてトラックを使うという。

ラオスにはまだ産業の広がりがないので、原材料はタイなどから輸入している。また組み立てが終わった製品は、やはり外国へ出荷している。このためにはもちろんトラックや鉄道を使う。

人間の基本的人権として自由がある。その中の大事な一つが経済的自由である。人がそれぞれの能力を活かして経済活動を営むことは、人が人らしく生きるために必要な権利である。

今回改めて気付いたことは、経済的自由は実は「移動の自由」に支えられている、ということだ。それは通勤の自由であり、物流の自由である。この「移動の自由」があるからこそ、ラオスは手先の器用な若者を武器にして、世界の製造業ネットワークに参加できる。

さらに「移動の自由」は、国際的な分業も可能にしている。分業は経済成長の源泉である。分業することで、人々はそれぞれが最も得意とする仕事に従事できるからだ。

ラオスの将来は、その「移動の自由」をどこまで確保できるかにかかっている。つまり、内陸国であるラオスの発展には自動車が欠かせないということだ。

だからこそ、自動車業界の使命は、安く信頼できる移動手段を提供し続けることにある。

もちろん、「移動の自由」の確保は技術だけの問題ではない。国境での出入国手続きを簡素化したり、関税を引き下げたりすることで、制度面での移動コストを下げることも重要だ。これは政府の使命である。

いま自動車業界には、ＥＶ（電気自動車）や自動運転等、様々な波が押し寄せている。地球温暖化や大気汚染等への対策も求められている。

だがその一方で、安く信頼できるモビリティを確保するという原点こそが、この世界で最も貧しい人々にとっては、相変わらず最重要な課題である。新しいテクノロジーを活用して、これを達成することはできるだろうか。安く信頼できるモビリティが実現するならば、それだけラオスの人々は豊かになれる。

第3章

地球温暖化のファクト

アル・ゴア元米国副大統領
「2020年にはキリマンジャロに
雪が降らない」
（2006年のドキュメンタリー映画『不都合な真実』）

観測	1 台風は増えていない
	2 台風は強くなっていない
	3 超強力な台風は来なくなった
	4 地球温暖化は 30 年間で僅か 0.2°C であった
	5 猛暑は温暖化のせいではない
	6 短時間の豪雨は温暖化のせいではない
	7 集中豪雨は温暖化のせいではない
	8 寒さによる死亡者の方が暑さによる死亡者より遥かに多い
	9 東京は既に 3°C 上昇したが繁栄している
	10 山火事は温暖化のせいではない
	11 海面上昇は僅かでゆっくりだった
	12 シロクマは増えている
	13 砂浜の消失は温暖化のせいではない
	14 サンゴ礁の島々は海面上昇で沈まなかった
	15 エゾシカの獣害は温暖化のせいではない
	16 災害による損害額の増加は温暖化のせいではない
	17 食糧生産は増え続けている
	18 気象災害による死亡は減り続けている
	19 気候に関連する死亡は減り続けている
	20 CO_2 は既に 5 割増えた(だが何も問題は起きていない)
費用対効果	21 再生可能エネルギーの大量導入で豪雨は 3 ミクロンも減らなかった
	22 2050 年 CO_2 ゼロでも気温は 0.01°C も下がらず、豪雨は 1 ミリも減らない
予測	23 気温予測の科学的不確実性は大きい
	24 被害予測の前提とする CO_2 排出量が多すぎる
	25 シミュレーションは温暖化を過大評価している
	26 シミュレーションは気温上昇の結果を見ながらパラメーターを調整している

地球温暖化のファクト。メディアで喧伝されていることとは全く違うことばかりだ(巻末参考資料・拙著『地球温暖化のファクトフルネス』より)。

気候非常事態はフェイクニュース

地球温暖化問題を巡る世論が先鋭化している。日本は「２０５０年ゼロエミッション」といった実現不可能な目標を掲げるようになった。本当にこれを目指すとなると、莫大な費用がかかることは明白だが、このような目標を科学的知見は、本当に支持しているのか。

「２０２０年予測」は大外れ

地球温暖化は私たちにどんな影響をもたらすのか。

まずは、過去に発表された予測を見てみよう。

これまで「２０２０年までに地球温暖化で甚大な悪影響が起きる」とした不吉な予測は多くなされたが、大外れだらけだった。米国トランプ政権に仕えたスティーブ・ミロイ氏が集めた「外れた不吉な予言」（"Wrong Again: 2020's Failed Climate Doomsaying"）から、いくつか要旨を紹介しよう。

念のため前もって書いておくと、過去の不吉な予測が外れたからといって、未来の予測も外れるとは限らない。けれども、莫大な経済負担を伴う温暖化対策をするというなら、予測を鵜呑みにするのではなく、よくよくその信憑性を確認した方がよい。

【外れた不吉な予言】

・地球温暖化が3℃に達する

1987年、カナダの新聞スターフェニックスは、NASAのジェームズ・ハンセン（米科学者）を取材し、「2020年までに、地球の平均気温が約3℃上昇する」と書いた。

↓しかし、アメリカ海洋大気庁（NOAA）によると、実際の気温上昇は0・5℃程度だった。

・CO_2濃度が倍増する

1978年、カナダの新聞バンクーバーサンは、学術誌『サイエンス』に掲載されたワシントン大学のスツーバーの論文を引用し、大気中のCO_2濃度は2020年までに2倍になる、とした。

↓しかし、アメリカ海洋大気庁（NOAA）によると、実際は23％の濃度上昇に過ぎなかった。

・キリマンジャロから雪が消える

２００１年、カナダの新聞バンクーバーサンは、「キリマンジャロの雪は２０２０年までに消滅する」と書いた。オハイオ州立大学の地質学者であるロニー・トンプソンは、「これはおそらく控えめな見積もりだ」と述べた。アル・ゴア元米副大統領が主演した２００６年製作のドキュメンタリー映画『不都合な真実』でも、２０２０年にはキリマンジャロに雪が降らない、とした。

↓しかし、今でもキリマンジャロに雪はある。英国紙タイムズはこれを２０２０年2月に報道している。

・海面上昇が60センチに達する

１９８６年、「米国環境保護庁のタイタスは、フロリダ周辺の海面が２０２０年までに60センチ上昇すると予測している」と米国紙マイアミヘラルドは書いた。

↓しかし、アメリカ海洋大気庁（ＮＯＡＡ）によると、実際の海面の上昇は9センチだった。

・イギリスから雪が消える

2000年、イギリスのイースト・アングリア大学気候研究ユニットの上席研究科学者ヴァイナーは、「英国では降雪は非常に稀になり、子供たちは雪が何であるかをバーチャルでしか知らなくなる」「20年後には英国人は雪に不慣れになり、ひとたび雪が降ると大混乱になる」と述べた旨、英国紙インディペンデントは報じた。

↓しかし、今でも雪は降っているし珍しくもない。スコットランドではいくつかの地点で2020年12月初旬までに約10センチの雪が降った。除雪車は毎年活躍している。

・太平洋諸島の経済が破綻する

2000年10月、グリーンピースの報告は地球温暖化が「今後20年間で少なくとも13の太平洋小島嶼国で大規模な経済的衰退を引き起こす可能性がある」と予測した、とオーストラリア紙ジ・エイジが報じた。同記事では「地球温暖化は太平洋のサンゴ礁のほとんどを荒廃させ、小さな太平洋諸国の観光産業と漁業を壊滅させる」「中でも最も脆弱な太平洋諸国はツバルとキリバス」と書かれた。

↓しかし、２０１９年、ツバルは前例のない６年連続の経済成長を享受した。キリバスも過去5年間、健全なＧＤＰ成長を遂げた。いずれも漁業権収入が重要な経済の柱だった。

・氷河が消える

２００９年3月、ロサンゼルスタイムズは「米国地質調査所のファグレがモンタナ州のグレイシャー国立公園の氷河は２０２０年までに消滅すると予測」したと報じた。２０１０年になると、グレイシャー国立公園では「この氷河は２０２０年までになくなります」という看板が立てられた。

↓しかし、２０２０年になっても氷河は存在していた。撤去されたのは看板の方だった。

台風も猛暑も豪雨も温暖化のせいではない

次に地球温暖化の災害への影響について見てみる。

災害のたびに地球温暖化のせいだと騒ぐ記事があふれるが、悉くフェイクニュースである。これは公開されている統計で確認できる。

台風は増えても強くなってもいない。台風の発生数は年間25個程度で一定している。「強い」以上に分類される台風の発生数も15個程度と横ばいで増加傾向はない。

猛暑は都市熱や自然変動によるもので、温暖化のせいではない。地球温暖化によって気温が上昇したといっても江戸時代と比べて0・8℃に過ぎない。過去30年間当たりならば0・2℃と僅かで、感じることすら不可能だ。

豪雨は観測データでは増えていない。理論的には過去30年間に0・2℃の気温上昇で雨量が増えた可能性はあるが、それでもせいぜい1％程度だ。よって豪雨も温暖化のせいではない。他にも山火事など災害には種々あるが、何一つ激甚化などしていない。

このように観測データを見ると、地球温暖化による災害の激甚化・頻発化などは皆無であったことが解る。なお台風、猛暑、豪雨の統計については後章で環境白書のフェイクぶりを批判しつつさらに詳しく書く。

自然災害を温暖化のせいすることは有害でもある。問題の本質から目を逸らすことになり、対策を誤るもとになるからだ。

例えば2019年に上陸した令和元年東日本台風（＝当初は令和元年台風第19号と呼ばれ

た）はどのような教訓を残したか。

このときの豪雨の雨量や降雨パターンは、ほぼカスリーン台風の再来だった、と日本気象学会の論文誌『天気』（67巻10号、2020年10月）で藤部文昭教授（東京都立大学都市環境科学研究科特任教授）が報告した。

東日本台風は死者・行方不明者107名（2020年4月10日現在）を出し、たしかに大きな被害をもたらした。しかし特筆すべきは、カスリーン台風に比べると遥かに被害が少なく済んだことだ。昭和22（1947）年のカスリーン台風は死者・行方不明者1930人を出し、利根川は決壊して広大な面積が浸水した。カスリーン台風以来、「その再来に備える」ことが、利根川水系での治水事業の目標だった。

今回、大規模な水害に至らなかったのは、八ッ場ダムなどの整備が奏功したからだ。そのわりに、治水事業に当たった人々に対する感謝の声があまり聞かれないのは残念である。全員起立して一斉拍手をしたいものだ。

対照的に、東日本台風を地球温暖化のせいにする意見はよくメディアで見られた。だがこれは全く根拠がない。ちなみに国土交通省も防災白書で悪乗りして温暖化のせいで「自然災害が激甚化」していると書いているが、これももちろん誤りである。

カスリーン台風は1947年の台風であり、地球温暖化などもちろん関係なかった。

統計的に有意ではないけれども、仮に気温が1℃上昇すれば雨量が6～7％増えるという「クラウジウス・クラペイロン関係式」によって大雨が増えたと想定しても、たいした増加ではない（過去100年の日本付近の気温上昇は0・73℃だったから、カスリーン台風のあった1947年から今日までの日本の気温上昇は0・53℃、これによる降水量の増加は3・7％にすぎないという計算になる）。

経済的被害はどうだったか。東日本台風の水害による被害額は2兆円近くに上り、統計開始以来最大となった。だが被害額が大きいからといって、「台風災害が激甚化した」などと言うのは見当違いだ。

被害額が大きくなった理由は、損害を受けやすい場所に人口や資産が増えたからである。仮に東日本台風でカスリーン台風並みの決壊が起き、利根川上流から東京都に至って大浸水が起きたならば、被害は如何ばかりになったであろう？　想像するのも恐ろしい。

治水事業はカスリーン台風の再来から東京を守った。きちんと感謝しよう。台風は激甚化などしていない。台風を温暖化のせいにするのは間違いだ。国土交通省は東京を守った実績を掲げて、根拠のない温暖化原因説で人の不安を煽るのではなく、正攻法で治水事業への支持を得るべきだ。

これまで他にも地球温暖化の影響とする不吉な予測は数々あったが、外れ続けてきた。温暖化で海氷が減って絶滅すると騒がれたシロクマはむしろ増えている。人が射殺せず保護するようになったからだ。

温暖化による海面上昇で沈没してなくなると言われたサンゴ礁の島々はむしろ拡大している。サンゴは生き物なので海面が上昇しても追随するのだ。

CO_2の濃度は江戸時代に比べるとすでに1・5倍になった。その間、地球の気温は0・8℃上がった。だが観測データで見れば何の災害も起きていない。むしろこの間、経済成長によって、人は長く健康に生きるようになり、食糧生産は増え、飢えは過去のものになった。

今後も緩やかな温暖化は続くかもしれない。だが破局が訪れる気配はない。「気候危機」や「気候非常事態」と煽る向きがあるが、そんなものはどこにも存在しない。

地球温暖化で人類は困らない

現在、パリ協定に定める目標は、世界全体の気温上昇を産業革命以前に比べて2℃より十分低く保ち、1・5℃に抑える努力をするというものだ。気温上昇は一体どの程度、悪なのだろうか。

CO_2が5割増しでも困らなかった

現在、大気中のCO_2濃度は410ppmに達している。CO_2濃度は毎年2ppm程度の増加を続けているので、あと5年後の2025年頃には420ppmに達するだろう。

420ppmと言えば、温暖化研究で「産業革命前」と呼ばれる1850年頃の約280ppmの5割増しである。この「節目」において、あらためて地球温暖化問題を俯瞰し、今後のCO_2濃度目標の設定について考察しよう。

過去：緩やかな地球温暖化が起きたが、人類は困らなかった。

ＩＰＣＣによれば、地球の平均気温は産業革命前に比べて約０・８℃上昇した。これがどの程度CO_2の増加によるものかはよく分かっていないけれども、以下では、仮にこれが全てCO_2の増加によるものだった、としてみよう。

まず思い当たることは、この０・８℃の上昇で、特段困ったことは起きていないことだ。緩やかなCO_2の濃度上昇と温暖化は、むしろ人の健康にも農業にもプラスだった。豪雨、台風、猛暑などへの影響はなかったか、あったとしてもごく僅かだった。そして何より、この１７０年間の技術進歩と経済成長で世界も日本も豊かになり、緩やかな地球温暖化の影響など、あったとしても誤差の内に掻き消してしまった。

さて、これまでさしたる問題はなかったのだから、今後も同じ程度のペースの地球温暖化であれば、さほどの問題があるとは思えないが、今後はどうなるだろうか？

今後：温室効果は飽和する――伸びは鈍化する。

CO_2による温室効果の強さは、CO_2濃度の関数で決まるのだが、その関数形は直線ではなく、対数関数である。すなわち温室効果の強さは、濃度が上昇するにつれて伸びが鈍化してゆく。なぜ対数関数になるかというと、CO_2濃度が低いうちは、僅かにCO_2が増えるとそれによって赤外線吸収が鋭敏に増えるけれども、CO_2濃度が高くなるにつれ、赤外線吸収が飽和するためだ。すでに吸収されていれば、それ以上の吸収は起きなくなる。

つまり、今後の０・８℃の気温上昇は、２８０ｐｐｍを２倍にした５６０ｐｐｍで起きるのではない。CO_2濃度が１・５倍になったとき、すなわち４２０ｐｐｍを１・５倍して６３０ｐｐｍになったときに、産業革命前に比較して１・６℃の気温上昇になる。

これはいつ頃になるか。大気中のCO_2は、今は年間２ｐｐｍほど増えているので、このペースならば、さらに２１０ｐｐｍ増加するには１０５年かかる。つまり、気温上昇が１・６℃になるのは２１３０年、というわけだ。仮にCO_2増加のペースが加速して年間３ｐｐｍになったとしても、２１０ｐｐｍ増加する期間は70年。１・６℃になるのは２０９５年となる。

なお以上の計算をもう少し細かく行うと、国際エネルギー機関（ＩＥＡ）の現状政策シナリオ、つまり２０１９年以降に追加の温暖化対策がない場合の排出量に近いＩＰＣＣの

ＲＣＰ６・０シナリオに沿って排出が推移した場合、６３０ｐｐｍになるのは２０８８年となる。

つまり２０８８年に産業革命前に比べて気温上昇が１・６℃になる。

この程度の気温上昇のスピードならば、これまでとさほど変わらないので、あまり大げさに心配する必要はなさそうだ。というのも、日本も世界も豊かになり技術が進歩するにつれて、気候の変化に適応する能力は確実に高まっているからだ。

「CO_2ゼロ」にする必要などない

１・６℃から、さらに０・８℃の気温上昇をするのは、６３０ｐｐｍの１・５倍で９４５ｐｐｍの時点となる。この時の気温上昇は産業革命前から比較して２・４℃。こうなるまでの期間は、毎年３ｐｐｍ増大するとしても、１０５年（630×0.5÷3=105）かかる計算になる。

このように、気温上昇がCO_2濃度の対数で決まるので、同じだけのCO_2濃度上昇に対する気温の伸びは鈍化する。他方で人類の防災能力は経済成長に伴って一方的に向上してゆくので、この程度の地球温暖化が重大な悪影響を及ぼすとは思えない。

今、「ゼロエミッションにすることが必要だ」という意見が多い。だがこの意見には、「特定の濃度以下に安定化させるためには〝いずれ〟ゼロエミッションが必要だ」という程度の論拠しかない。人類が２０５０年までにゼロエミッションを達成しなければならないという「科学的根拠」などない。それに２１００年以降であっても、１００年で１℃程度の気温上昇が有害であるとは全く思えない。これまで１００年で１℃程度であれば問題なかったのだから、今後１００年で１℃程度はもっと問題がない。その先はますます問題がない。

むしろ、このぐらい緩やかな温暖化が続くのであれば、人類にとって有益だろう。

それでも、「際限なくCO_2が増える」というのは心穏やかではないかもしれない。でもその心配はない。技術進歩は確実に進む。CO_2を排出しない技術はどんどん出てくる。さらには、CO_2を大気から回収して地中に埋める直接空気回収ＤＡＣ（Direct Air Capture）という技術もできるようになるだろう。どうしてもCO_2濃度を下げたくなったらそれを１００年、２００年かけて使ってゆけばよい。

産業革命前と現在のどちらがよいか

さてここまで、慣例に従って「産業革命前」と比較してきた。

なぜ産業革命前なのかというと、CO_2を人類が大量に排出するようになったのは産業革命の後だから、というのが通常の説明である。しかし実際は、産業革命前ではなく、１８５０年頃からの気温上昇が議論の対象になる。なぜ１８５０年かというと、世界各地で気温を測りだしたのがその頃だったからだ。大英帝国等の欧米列強の世界征服が本格化し、軍事作戦や植民地経営のためのデータの一環として気温も計測された。日本にもペリーが１８５３年に来航して勝手にあれこれ計測した。

ちなみに、世界各地で気温を測りだしたと言っても、コンマ何℃という地球温暖化を計測しようとしたわけではないから大雑把だったし、また観測地点は欧州列強の植民地や航路に限られていたから、地球全体を網羅的に観測していたわけでもない。だから、１８５０年頃の「世界平均気温」がどのぐらいだったかは、じつは誤差幅が大きい。

さて以上のような問題はあるけれど、ＩＰＣＣでは１８５０年頃に比べて現在は約０・８℃気温が高くなっている、としており、以下はこの数字を受け入れて先に進もう。

ここで考えたいのは、１８５０年のCO_2濃度が２８０ｐｐｍの世界と、現在の４２０ｐｐｍで０・８℃高くなった世界と、どちらが人類にとって住みやすいか？　ということである。台風、豪雨、猛暑等の自然災害は、増えていないか、あったとしてもごく僅かしか増えていない。

他方でCO_2濃度が高くなり、気温が上がったことは、植物の生産性を高めた。これは農産物の収量を増やし、生態系へも好影響があった。「産業革命前」の280ppmの世界より、現在の420ppmで0・8℃高くなった世界のほうが住みやすいと思われる。

1850年とは、日本で言うならば江戸時代の末期である。1850年頃までは小氷期と呼ばれ、中世(1300年頃まで)と比べて寒い時代であった。1780年代には天明の飢饉、1830年代には天保の飢饉があった。その頃に気候を戻すことが適切とは到底思えない。

地球の歴史においては、CO_2濃度は大幅に下がり続けてきた。

恐竜が闊歩していた頃は現在の数倍の濃度があった。それが、植物による固定や岩石の風化によって低下し、280ppm前後になったのは100万年程前である。氷河期にはたびたび180ppmまで下がったが、このときには植物が成長できずに大量枯死し、地球を砂塵が舞ったという。280ppmというCO_2濃度も、植物にとってはCO_2欠乏気味であるがゆえに、CO_2濃度を高めるとたちまち生育が良くなる。実際にトマト栽培では温室内を1000ppm以上にして生育を早めている。他方で、ビニールハウスの換気が悪くCO_2濃度が下がると、植物の生育が悪くなる。じつは280ppmというのは、CO_2が少なすぎて危ない状態のようだ。

目指すべきCO_2濃度は何ppmか

さてこれから、人類はCO_2排出を増やすこともできるし、減らすこともできるだろう。そして、大気中のCO_2を地中に埋める技術であるDACもまもなく人類は手にするだろう。

ではそのとき、人類はCO_2濃度を下げるべきかどうか？　という課題が生じる。下げるならば、目標とする水準はどこか？「産業革命前」の280ppmを目指すべきか？

地球温暖化が起きると、激しい気象が増えるという意見がある。だが、これまで述べてきたように、過去70年ほどの近代的な観測データに基づいていえば、これは起きていないか、あったとしても僅かである。むしろ、古文書の歴史的な記録等を見ると、小氷期のような寒い時期のほうが、豪雨などの激しい気象による災害が多かったように見受けられる。

気候科学についての第一人者であるリチャード・リンゼン氏は、理論的には、地球温暖化が起きれば、むしろ激しい気象は減るとして、以下の説明をしている。

地球が温暖化するときは、極地の方が熱帯よりも気温が高くなる幅は大きい。すると南北方向の温度勾配は小さくなる。気象はこの温度勾配によって駆動されるので、温暖化した地球のほうが気象は穏やかになる。だから、将来にもし地球が温暖化するならば、激しい気象は起きにくくなる。小氷期に気象が激しかったということも、同じ理屈で説明できる。地球が寒かったので、南北の気温勾配が大きくなり、気象も激しくなった、というわけである。

さて280ppmよりも420ppmのほうが人類にとって好ましいとすれば、それでは、その先はどうだろうか？ 630ppmで1850年よりも1.6℃高くなれば、もっと住みやすいのではないか？

おそらくそうだろう。かつての地球は1000ppm以上のCO_2濃度だった時期も長い。植物のほとんどは、630ppm程度まであれば、CO_2濃度は高ければ高いほど光合成が活発で生産性も高い。温室でも野外でも、CO_2濃度を上げる実験をすると、明らかに生産性が増大する。高いCO_2濃度は農業を助け生態系を豊かにする。

ゆっくり変わるのであれば、630ppmは快適な世界になりそうだ。「どの程度」

ゆっくりならば良いかは明確ではないけれども、年間3ppmのCO_2濃度上昇で2095年に1・6℃の気温上昇であれば、心配するには及ばない——というより、今よりもよほど快適になるだろう。目標設定をするならば「2050年ゼロエミッション」などという実現不可能なものではなく、このあたりがの方が合理的ではなかろうか。

そうすると、じつは今後何も追加の温暖化対策をしなくてもCO_2排出量はこの程度に留まりそうだから、大きなコストのかかる排出削減策は一切無用、ということになる。

気候シミュレーションは問題だらけ

将来の予測として「温暖化によって大きな被害が出る」という意見がある。だがこれは往々にして問題がある。

第1に、被害予測の前提とするCO_2排出量が非現実的なまでに多すぎる。第2に、気温を予測する気候モデルは不確かな上、気温予測の出力を見ながら任意にパラメーター（変数）をいじっている。この慣行はチューニングと呼ばれていて、高い気温予測はこの産物である。第3に、被害の予測は不確かな上に悪影響を誇張している。政策決定にあたっては、シミュレーションは一つ一つその妥当性を検証すべきである。計算結果を鵜呑みにするのは極めて危うい。

過去と将来の温暖化を過大評価

気候モデルによる予測を信用できない理由の一つは、そもそも過去の温暖化をすでに過大評価していることだ。そうであれば当然、同じモデルによるシミュレーションを使った今後の被害の試算も、やはり過大評価になる。

シミュレーションが過去の温暖化を過大評価していることはこれまでも何度か指摘されてきており、米国では議会証言でも言及されてきた。

さて、いまIPCCの次期評価報告書に向けて、CMIP6（第6期結合モデル相互比較プロジェクト）と呼ばれるモデル比較研究が実施されている。気候変動の予測は、大気の加熱や冷却、炭素循環などで構築される気候モデルを用いて行われる。CMIP6のプロジェクトには世界から多くの気候モデルが参加しているが、その成果が出揃ってきた。

その計算結果を確認すると、地球温暖化を過大評価する傾向は改善しておらず、むしろ悪化していると指摘した論文が出ている（McKitrick, R., & Christy, J. 2020）。

論文では、気温について、気候モデルの計算結果と実際の観測結果を比較している。気温は地球全体の地表から上空約９０００メートルまで（対流圏下層と呼ばれる）の平均、期間は１９７９年以降である。これは人工衛星などの観測データが、モデルと比較可能な水準で揃ったのがこの期間だからだ。

比較の結果、観測値は、ほとんどのシミュレーションモデルの結果を下回っていたのである。

気温の測り方を変えて、地表から高度１４０００メートル付近まで（対流圏中層と呼ばれる）としても、結論は変わらず、ほとんどのモデルは観測値よりも地球温暖化を過大評価している。この結論は、熱帯（北緯20度から南緯20度まで）だけを対象としても変わらない。

気候モデルが過去について地球温暖化を過大評価しているならば、将来についても過大評価しているのではないか、と予想される。

そこで、モデルが予測する将来の気温上昇を、過去の気温上昇で補正してみる。

将来の気温上昇を示す指標としてはＥＣＳというものがある。ＥＣＳとは平衡気候感度（Equilibrium Climate Sensitivity）の略で、CO_2濃度の上昇に対する地球の平均気温の上昇の感度のことである。CO_2濃度を「産業革命前」の約２８０ｐｐｍから倍の約５６０ｐ ｐｍに増やして固定し、数世紀が経過して平衡状態になったと想定したときに、どの程度の気温上昇が起きるかを気候モデル上で計算したものだ。

このＥＣＳという指標が大きいほど、モデルはCO_2濃度の上昇に敏感に反応して気温上昇を起こす、ということである。

気候モデルでは、このＥＣＳは１・５℃から４・５℃の間に分布する。しかし、どのモデルも過去の温暖化を過大評価している。そこでモデルと現実大気の過去の温暖化の速さを比較し、比例計算によって将来のＥＣＳを計算すると、対流圏中層（高度１４０００メートルまで）では１・４℃、対流圏下層（高度９０００メートルまで）では１・７℃となった。

以上は回帰直線による大雑把な話なので、実際にここまで低いかどうかはともかく、「観測値が示すことは、ＥＣＳの真の値は、全モデルの示す範囲の下限である１・５℃程度なのではないか」ということだ。

パリ協定などでは、ＥＣＳは３℃程度と想定されている。これが１・５℃になるということは、つまりCO_2による温暖化は現実にはパリ協定で想定されている半分程度しか起きない、ということだ。

気温上昇予測は結果を見ながらパラメーターをいじっている

さて、気候モデルは過去の観測とすら合わない、と書いてきた。しかし、１９８０年から２０００年にかけての地表の平均気温についてだけは、だいたいどのモデルも観測値と合っている。どういうカラクリなのだろうか。

なんと、そこだけは答えが合うように細工しているのだ。

地球温暖化問題を議論するとき、一般の人々は、気候モデル計算による温度上昇のシミュレーションを科学計算に基づく予測だと思って受け入れている。だが、実は、シミュレーションは物理学や化学の基礎方程式をそのまま直接に解いたものではない。

気温上昇の予測に用いる数値モデルにはパラメーターが多数あり、それを操作すると予測結果はガラガラ変わるのだ。

そこで何が起きているかというと、数値モデルは、20世紀後半の気温上昇が自然変動ではなくCO_2によるものだとパラメーターの操作（＝「チューニング」と呼ばれる）によって教え込まれている。我々がいつも聞かされている将来の気温上昇予測は、このようなモデルに依存しているのである。

チューニングの存在についてはあまり公の場で語られてこなかったが、近年になって、一部の有力な研究者が公表するようになった。

ＩＰＣＣの第5次評価が２０１３年に発表された後、そこで使用されたマックスプランク研究所のモデルにバグが見つかった。それを直したところ、温暖化が極端に進むようになってしまった。改良前のモデルでは、気候感度が3・5℃であったが、改良後には７℃近くになってしまったのだ。このままでは、過去の地球の気温上昇もほぼ2倍に過大評価されて、観測値を再現できなくなるということになった。

一方、ほぼ時を同じくして、雲に関するパラメーターを変えると気候感度が大きく変わることが、米国海洋大気庁（ＮＯＡＡ）の研究者らによって発表されていた。

雲は気候モデルの最大の難所である。水は氷や水蒸気に姿を変え、乱流で上下左右に運ばれる。雲粒や雨粒の形成には、空を漂う塵の量や質も関わる。この複雑きわまりない雲を、地球規模の気候モデルで１００年にわたり計算しようとするのだが、解像度が足りないので、たくさんのパラメーターを使って表現せざるを得ない。だがそのようなパラメーターには、観測によって範囲を確定できないものが多くある。

そしてモデル研究者にとって頭の痛いことに、この最も分からない雲が、地球の気温に最も大きく影響する。雲は太陽光を反射させることよって地球の温度を下げる一方で、地表からの赤外線を吸収して地球の温度を上げる。さらに面倒なことに、この効果の大きさは、雲の形や高さによっても異なる。

話を戻すと、そういうわけで、マックスプランク研究所のモデルの気候感度が３℃程度になることを目指して何十ものあるパラメーターを操作したところ、望み通りになったというわけだ。

気をつけるべきことは、このチューニングの過程で、数値モデルは、20世紀後半の温暖化が自然変動ではなくCO_2によるものだと教え込まれていることだ。

チューニングについて弁護すると、できるだけモデルを現実に合わせることは、研究活動として試してみるぶんにはかまわない。チューニングはその一環を成している。

しかし、その「予測」を政策決定に利用するならば、それが気温上昇の結果を見ながらチューニングされている、という事実を念頭に置く必要がある。

我々がいつも聞かされている将来の温暖化予測は、上述のようにチューニングしたモデルに依存している。何十兆円という温暖化対策も、このようなモデルで正当化されている。

このようなチューニングは気候予測をする全てのモデルで行われていると見られている。

CO_2排出量の想定が現実と乖離

これまでは気候モデルの話であったけれども、今度はそのモデルを回すためのインプットも過大評価だという話である。

地球温暖化というと、おどろおどろしい予測が出回っている。

だがその被害予測で用いられているCO2排出量のシナリオの多くは、すでに現実から大幅に乖離しており、今後数十年でさらに外れてゆく。

IPCCの第5次評価報告書（2014年発表）は、2100年までに、どれくらい平均気温が上昇するか4つのシナリオを提示して予測を示している。それによると、最も気温上昇の低いシナリオ（RCP2・6シナリオ）で、2℃前後の上昇、最も気温上昇が高いシナリオ（RCP8・5シナリオ）で4℃前後の上昇が予測されている。

問題となっているシナリオは最も気温上昇が高く、「温暖化対策なかりせばの場合」の「なりゆき」ないし「ベースライン」排出量としてよく用いられるIPCCの「RCP8・5シナリオ」である。

例えば環境省の資料でも、「RCP8・5」が「温暖化対策なかりせばの場合」であり、RCP2・6が「温暖化対策をした場合」として取り扱われている。

この資料では「RCP8・5」は「最大4・8℃上昇」と書いてある。

だがこれは、まずありえないぐらい高い排出量のシナリオであり、実際には「なりゆき」で起きることは、それほど極端な排出量の増加ではない。

他の機関、例えば最近の国際エネルギー機関（IEA）のシナリオでは、「現状の政策の延長（Current Policies）」、および「現在アナウンスされている政策が実施される（Stated Policies）」のいずれのシナリオにおいても、「RCP8・5」よりもはるかに低い排出シナリオになっている。

なおこのIEAシナリオは決して例外ではない。2019年に発表された排出量予測の代表的なものとして、EIA（米国エネルギー情報局）、英国の石油企業のBP（ブリティッシュ・ペトロリアム）、米国企業のエクソンモービルのものなどがあるが、これらの機関の予測する排出量はいずれも「RCP8・5」より遥かに少ない。

さて、IEAは排出シナリオを21世紀前半までしか示していないが、これを2100年まで外挿《がいそう》したシナリオを推計すると、ECSが3℃だと仮定しても、気温上昇は、中央値で2・7〜2・9℃、下限で1・9〜2℃、上限で3・5〜3・8℃程度となる。つまり「なりゆき」でも中央値で3℃以下に収まる、ということだ。

では、ＩＥＡシナリオの排出量がＩＰＣＣシナリオよりも低くなる理由は何であろうか。まず過去については、２００５年から現在までのＩＰＣＣシナリオを実績値と比較したコロラド大学のグループは、やはりＩＰＣＣシナリオの排出量が現実よりも高く推移したとした上で、その要因としては、経済成長率の設定が、現実に起きたものよりもかなり高くなっていたことが最も関与していた、とした。それに次いで、一次エネルギー消費量あたりのCO_2排出量も、ＩＰＣＣシナリオは現実よりも高かった、としている。

次いで、将来のＩＰＣＣシナリオの排出量が高くなっている理由として、ブレークスルー研究所のハウスファーザー氏は、ＩＰＣＣのシナリオは２００５年や２０１０年頃の情報に基づいて作成されているため、情報が古いことを指摘している。

実際、ＩＰＣＣの「ＲＣＰ８・５シナリオ」は、世界の石炭消費量が今後5倍になるというシナリオである。しかし、現実には、そこまで石炭消費が増えるとは思えない。その重要な理由として、多くの技術進歩がすでにあったことが挙げられる。近年あった例をいくつか挙げると、シェールガス革命が起きて天然ガスが安くなった。また太陽光発電や風力発電が拡大した。さらにＬＥＤ照明の普及を筆頭に、省エネルギー技術も進歩した。今後もこのような技術進歩は続くだろう。

よく見てみると、「ＲＣＰ８・５シナリオ」とは奇妙なシナリオである。非常に高い経済成長率でありながら、技術がほとんど進歩しない。そして人々は、所得水準が高くなったにもかかわらず、他のエネルギー資源ではなく、世界の石炭消費量を今日の５倍になるまで増やし続ける、というシナリオだ。

ハウスファーザー氏は、「ＲＣＰ８・５シナリオ」はベースラインとして考えるには不適切であって、ベースラインの温度上昇は約３℃とすべき、と結論している。これはいわゆる産業革命前（１８５０年頃）からの上昇幅なので、現時点からだと、約２℃の上昇、となる。

もっとも、以上はＥＣＳが３℃程度というモデルの結果を信じた議論である。前述のようにＥＣＳが実際は１・５℃程度だということであれば、気温の上昇はこの半分で約１℃の上昇に留まる。

もともと「ＲＣＰ８・５シナリオ」は、予言するために作られたのではなく、「考えられ得る限り高い排出のシナリオを研究する」という目的で作られた。しかしその後、環境影響評価の際に最もよく用いられるようになって、すっかり「温暖化対策なかりせばの場合」のベースラインとしての役割が定着してしまった。

だが、政策を分析するためには、実現可能性が乏しいシナリオを用いることは適切ではない。環境影響評価は、もっと実現可能性の高いシナリオのもとで分析した結果を示し、政策決定者に示すべきであろう。

このように、ＩＰＣＣの高いCO_2排出シナリオはすでに「賞味期限切れ」になっており、現実と乖離している。

それにもかかわらず、今もなお、非現実的に高いCO_2排出を想定して被害を予測した論文が多数発表されている。

学術界というのはなかなか小回りが利かないことがある。過去の論文を引用するときに、実はそれはすでに誤りと判明している、ということはしばしば起きる。

だが、多大な費用がかかる温暖化対策についての意思決定をしようというときに、現実離れしたCO_2排出シナリオを使ったのでは、判断を誤る。

地球温暖化の被害の評価研究を見るときに、気を付けねばならない点である。

環境影響評価モデルも問題点だらけ

これまで、気候予測モデルの問題点、CO_2排出シナリオの問題点については述べてきたが、実は最大の問題点がまだ残っている。

３段階のシミュレーションの中で最も問題が大きいのは、気候が変わった結果としてどのような影響が人間活動や生態系に生じるかを評価する環境影響評価モデルの段階である。頻繁に見られる問題点として、例えば以下がある。

・現実を大幅に単純化した環境影響評価モデルを用いている。
・環境影響評価モデルが検証されていない。過去が再現できない。
・非現実的に高い排出シナリオを用いて検討されている。
・ばらつきの大きい気候モデル予測のなかから、被害が大きくなるものをとりだして行われる。
・複数の排出シナリオと気候モデルに基づく論文であっても、メディア発表となると、その「最悪の場合」だけが取り上げられる。
・地球温暖化には良い側面もあるのに、悪い側面だけを取り上げる。
・不確かな予測であるのに、確かであるかのように発表される。
・僅かな影響が、重大なことのように報じられる。
・ことさらに被害を強調する「政治的に正しい温暖化研究」が横行する。

・経済成長と技術進歩によって防災水準が向上し続け、人的被害が激減する傾向を無視している。

例えば温暖化で熱中症が増えるとよく言われるが、実際には日本では寒さで亡くなる方が多いので、気温が上がると、通年での死亡リスクはむしろ減少するはずだ。

このような状況なので、地球温暖化で甚大な被害が出る、という研究があっても、まず信用しない方がよい。控えめに言っても、一つ一つ、その内容を吟味した方がよい。筆者の知る限り、本当に深刻な被害が出るとは思えない。

東京の農業は3℃上昇でも問題なし

農業についても「温暖化で被害が出る」とモデルを用いて予測した論文が多くある。しかし、実際には多くの人の活動が関わり、極めて複雑なので、農業への影響はとてもシミュレーションしきれない。大雑把にやると、おどろおどろしい悪影響がすぐに出てくる。けれども心配には及ばない。肌感覚で理解するために、東京の話を書こう。

東京の冬はずいぶん暖かくなった。これは主に都市化によるものだ。

気象庁の推計では、東京23区・多摩地域、神奈川県東部、千葉県西部などは、都市化の影響によってその周辺地域に比べて1月の平均気温が２℃以上高くなっている。

これに加えて地球温暖化は過去１００年で約０・８℃あったから、合計で約３℃の気温上昇があったわけだ。

さて今、地球温暖化対策では気温上昇を２℃に抑制することが目標にされているが、すでに０・８℃上昇したので、あと約１℃の上昇である。

これで農業にどのような影響があるかは、過去にすでに３℃もの気温上昇があった東京を見ればよく分かるはずだ。

答えは、「全く不都合はなかった」ということだ。

東京は野菜の名産地である。筆者も毎日おいしく頂いている。地球温暖化でこの野菜がとれなくて困ったなどという話は聞いたことがない。

では冬ではなくて、夏はどうなのだろうか。

夏でも都市熱は発生するが、冬に比べると気温上昇は少ない。東京23区、多摩地域、横浜市あたりで都市熱は１℃から２℃程度と推計されている。これに地球温暖化分を加えると、合計で２℃から３℃程度の気温上昇があったわけだ。

けれども、これまた農家は困っていない。横浜市緑区では普通に米を作っている。水田は激減したが、これは宅地に転用したりしたためだ。

「地球温暖化で農業生産が打撃を受ける」という言説は、たいていは将来についてのシミュレーションに頼っている。けれども、シミュレーションは不確かなもので、前提によって答えがガラガラ変わってしまう。

それよりも、過去の都市熱で何が起きたかを調べることのほうが、将来の地球温暖化の影響を推し量るための、より適切な手段だ。

それで分かることは、気温が上昇しても、農家は（たいていは意識もすることなく）対応して、問題なく生産を続けてきた、ということだ。

東京ヒートアイランドは地球温暖化を先取りした実験室になっている。調べるほどに、あと１℃か２℃の地球温暖化で大きな被害などあり得ないことが、もっとはっきりするだろう。

平均気温でなく、最低気温で見ると、東京の気温変化は劇的で、たいへんに過ごしやすくなっていることが分かる。

東京での年最低気温は、１９３０年以前はマイナス７～８℃、１８８０年頃にはマイナス9℃ということも何度かあった。だが近年では、せいぜいマイナス2℃程度になった。じつに、5℃から7℃ほど、東京の年最低気温は上昇した。

先にも述べたが、これは都市熱によるものだ。このことは、東京から離れた地点での気温と見比べるとわかる。伊豆半島先端の石廊崎では、1℃程度しか気温は上昇していない。これは地球温暖化による日本全体の気温上昇に対応する。

都市熱というと、とかく悪者扱いされる。けれども冬の冷え込みが和らぐことは、健康にはずいぶんよいはずだ。

そして寿命も延びると思われる。地球温暖化も少しばかり長寿に貢献していそうだけれども、都市熱の効能（？）に比べると影が薄そうだ。

かつて『疾病と地域・季節』という本で、籾山政子氏（生気象学者）は「日本人は冬季に死亡が多いので、都市全体を暖房すると良い」という主旨のことを書いておられた。これは1971年のことである。

それから50年、日本人は意図することなく、都市全体の暖房を実現してしまった。

それに、考えてみると、アーケード、地下街、公共交通や自動車などで、吹きさらしの戸外に出る機会すらだいぶ少なくなっている。かつて東京でマイナス9℃の寒さに震えていたというのは今となっては信じがたい。暖かくなって本当に有り難いと思う。

東京の気温は都市熱で大きく上がった。その結果、おそらく死亡率は下がった。このことは、もっと調べる価値がある。

そうすると、今後、地球温暖化が1℃や2℃進んでも、健康や寿命への影響はおそらくプラスであることがはっきりするだろう。

コラム

環境破壊で喜ぶ生き物

生物はたくましい。何かが殺されれば、チャンスとばかりに別の生き物が繁殖する。農薬で大型ミジンコが減れば、小型ミジンコが増える。少々自分がやられても、自分の敵がもっとやられる方が、都合が良いのだ。

生物の敵は、人間の環境破壊である場合もある。だが、それはどちらかと言えば例外で、ほとんどの場合は、他の生物こそが敵である。食うか食われるか、生きるか死ぬか、自然とはそういう厳しい世界だ。

鬱蒼《うっそう》としたブナの森は、自然の代表としてよく語られる。しかし、本当に発達した巨大なブナの森では、多くの木々が抑圧下の日々を送っている。ブナにほとんど太陽の光を奪われてしまうので、森の中は真っ暗になる。ブナは光だけでなく、水までも奪ってしまう。どうやるかというと、雨は広く伸ばした枝と葉を伝って集められ、幹伝いに、巨木の根元に滔々《とうとう》と流れるようになっている。大雨の時に森に行くと、そのようにしてブナが水をがぶ飲みし大宴会しているのが観察できるという。こういったブナの大木が茂っていると、コナラなどの他の樹木は全然大きくなれない。ブナの若木でさえ、100年かかって高さ1メートルぐらいにヒョロヒョロ育つのがやっとという有様になる。抑圧者であるブナの巨木が1本倒れると、それ！　とばかりに、その隙間で木々の成長競争が起きる。コナラはしばらくの間、復活できる。だがやがて、それより高く生長した新しいブナの巨木に光を奪われ、枯れてゆく。

人間が「環境を破壊」すると、それで喜ぶ生き物も必ずいて、新しい生態系を作る。森林を潰して水田にすると、大虐殺と大発生、悲喜こもごもだ。水田になって喜ぶのは、鯉、鮒、赤トンボ、アゲハチョウ、アメンボ、コオロギなど、日本人にとって馴染みの生き物が多い。けれどもこれはもちろん、森の中のよく名前も知らない雑多の木、花、昆虫たち、気味の悪いキノコやカビが、皆殺しになるという犠牲のうえに立っている。

鬱蒼とした森林が理想の生態系であるというわけではない。生態系は手つかずにしておくと鬱蒼とした森林である「極相」に辿り着く、という考えは現実には観察されない。どんな森林も絶えず攪乱されており、少し場所や時間が違えば、様々な種が場当たり的に集まり、少しずつ違う、それぞれが豊かな生態系を作り上げる。

森林が破壊され、攪乱された状態になって、はじめて活躍できる生き物も多い。フランス料理で使われる美味しいアミガサダケは、森林が山火事になった跡地に一斉に生える。これを知る人々は、山火事のニュースを聞くと車を走らせて採りに行く。草地にはウサギや馬が棲み着く。草だけでなく、絶えず若木の芽も食べてしまうから、草にとってはライバルの樹木をやっつけてくれるという共生関係になる。工場の跡地には、瓦礫、水たまり、隠れ場所があちこちにあって、多様な生物が棲む。イギリスでは、工場の跡地から多くの絶滅危惧種が見つかった。鬱蒼とした森林を秩序だった帝国だとすると、こういった荒地を愛する生き物たちは、さしずめ乱世の英雄たちといったところか。

生態系がなくなるということはない。今ある生態系が破壊されることは、別の生態系にとってはチャンスになる。どのような自然条件においても、必ず何らかの新しい生態系ができる。コンクリートで覆われた直線的な都市河川でも、ブロックの割れ目にはタンポポが生え、薄い土砂にはセイタカアワダチソウが生え、ミミズは枯れ草を栄養にして土壌を作り出す。鳩はミミズを上から突っつき、モグラは地中で追いかける。ちなみに、鳩は昔の戦争で通信に使った伝書鳩が用済みになったのが野生化したものだ。川の中では鯉が繁殖して、鴨や鵜が稚魚を狙う。川底からはユスリカが大発生して、コウモリがそれを食べる。ヒバリは草むらで虫を探している。

生態系は、水と栄養さえあれば、必ず豊かにでき上がる。この力強さの秘訣は、様々な種が生存競争を絶えず行い、環境に適合しないものは淘汰されるという厳しいメカニズムにある。これは経済活動（業績の悪い企業は倒産するから経済全体は打たれ強くなる）、生命活動（機能不全になった細胞は死滅するから生命は維持される）にも共通した構造で、ナシーム・ニコラス・タレブが「反脆弱性」と呼んだものだ。脆弱な要素が滅びることで、システムは強くなっている。

どんな生態系も、良い・悪いということはない。けれど、人間の都合で、何が好きか、どう利用したいか、ということはある。治世も乱世も良し。必要なことは、上手な管理である。

第4章 気候危機はリベラルのプロパガンダ

NHK

「1.5℃に達すると、地球温暖化の暴走が始まり、気温上昇は4℃に達し、甚大な被害が出る。2030年までの10年間が鍵だ。残された時間はあと10年しかない」

（NHKスペシャル『2030 未来への分岐点（1）「暴走する温暖化〝脱炭素〟への挑戦」』2021年1月9日放送）

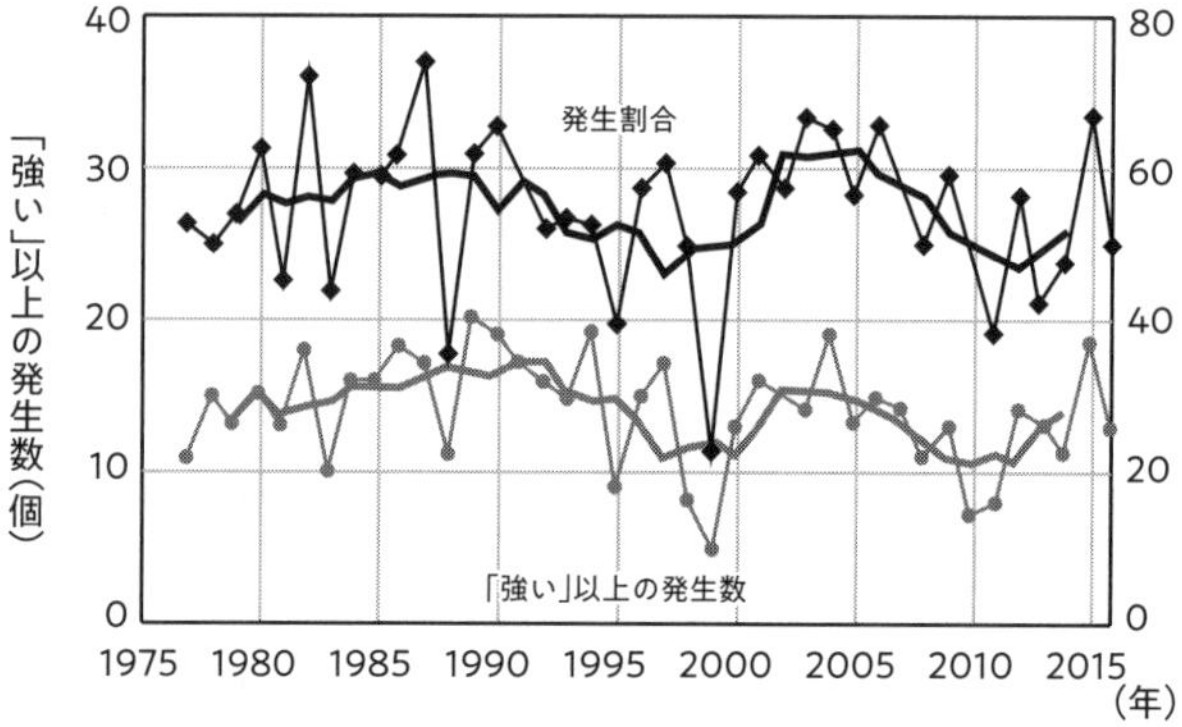

「強い」以上の勢力となった台風の発生数と全発生数に対する割合の経年変化(出典 気象庁「日本の気候変動とその影響」)

台風の激甚化など起きていない。下側の線はカテゴリー「強い」以上に分類される台風の発生数。上側の線は台風全体に占める発生割合。いずれも横ばいで、増加傾向はない。太線は前後5年間の平均値。

ＮＨＫのプロパガンダ

「気候危機」や「気候非常事態」と煽る向きがあるが、そんなものはどこにも存在しないと述べてきたが、ではなぜフェイクニュースが蔓延したのだろうか。それは政府機関、国際機関、ＮＧＯ、メディアが不都合なデータを無視し、異論を封殺し、プロパガンダを繰り返し、利権を伸長した結果だ。まずは我が国の公共放送から見ておこう。

ＮＨＫが煽る温暖化報道

フェイクの担い手は、メディア、政府、国際機関、ＳＮＳ、環境運動家、御用学者など、嫌になるぐらい層が分厚い。

ＮＨＫスペシャル『２０３０ 未来への分岐点（1）「暴走する温暖化〝脱炭素〟への挑戦」』（２０２１年1月9日放送）を見た。なおその一部は5分のミニ動画としてユーチューブで「温暖化は新フェーズへ」「２１００年に〝待っている未来〟」「若者たちの声で脱炭素へ！」と３本公開されている。

番組ではおどろおどろしい（そしてお金のかかっていそうな）災害の映像が次々に流れる。洪水も山火事も台風も温暖化のせいで激甚化した、地球環境はすでに壊れている、とさんざん視聴者の恐怖を煽っていた。

これは、どこまで本当だろうか？

統計データを見れば、台風も豪雨も激甚化などしていない。山火事も温暖化のせいではない。以上のデータは全て公式かつ公開の資料で、誰でも確認できる。

そもそも自然現象が激甚化などしていないのだから、「温暖化のせいで災害が激甚化した」などということも論理的にあり得ない。

同番組では「すでに温暖化の悪影響が起きている、地球が壊れている、今すぐ行動しないといけない！」といって、最近欧米で流行っている若者の温暖化反対運動の学校ストライキとデモの様子を流し、日本の若者にも行動せよ！　と訴えている。

だが若者は、学校でストライキをする前に、勉強して統計データを読めるようになり、事実関係を確認すべきではないのか？

ＮＨＫは猛烈に反省して、まずは自分が勉強し、若者へのメッセージも改めるべきだ。

番組の最後では、アインシュタインの言葉を引用して、若者への「行動」を訴えている。

それは「世界は危険でいっぱいだ。なぜなら、それは悪事を働くものがいるからというのではなく、それを見て見ぬ振りをする人たちがいるからだ」というものだ。

これはもはやブラックジョークにしか聞こえない。すぐ入手できるし誰にでもわかる公式統計を「見て見ぬ振り」しているのは、NHKではないのか。

観測データを無視している一方で、同番組では、おどろおどろしい予測が、これでもか、と並べ立てられていた。この予測に信憑性はあるのだろうか。

同番組では次のように訴えている。

「2030年までに、世界のCO_2を半分にしないと産業革命前に比べて気温上昇が1・5℃に達する。さらには2050年にはCO_2をゼロにしないと1・5℃以下にはできない。1・5℃に達すると、地球温暖化の暴走が始まり、気温上昇は2100年には4℃を超え、甚大な被害が出る。2030年までの10年間が鍵だ。残された時間はあと10年しかない」

この「温暖化の暴走」とは、2018年になって提唱された「ホットハウスアース」と呼ばれる仮説で、「北極の氷が融けて気温が上がると↓こんどはシベリアの永久凍土が融けてメタンが発生して、さらに気温が上がる↓するとアマゾンの熱帯雨林が枯死してさらに気温が上がる……」といった連鎖が起きて、地球温暖化が4℃を超える、というものである。

NHKはこれをあたかも確立した科学的見解であるかのように流していたが、とんでもない間違いだ。

第1に、これは各々のステップそれ自体がとても不確かなものを、いくつも連ねた「風が吹けば桶屋が儲かる」式の議論で、一つの仮説にすぎず、確立した科学と呼ぶには程遠く、極めて不確実なものである。

第2に、仮に気温上昇が4℃になるにしても、それには何百年、いや、千年以上かかる。以上2点は、筆者だけではなく、多くの人が言及している。例えばイギリス気象庁の研究者も同じ指摘をしている。

第3に、仮に「温暖化が暴走」するにしても、それによる2100年までの気温上昇はせいぜい0・5℃にすぎない。これは「ホットハウスアース」の論文に0・47℃とはっきり書いてある。1・5℃に0・5℃を足したら2℃であって、NHKの言う4℃にはならない。この点、NHKは明白にフェイク報道をしている。

気温上昇が仮に4℃になるとしても、もし1000年かかるなら、100年あたり0・4℃である。こういったゆっくりした温暖化であれば何ら問題はないだろう。過去、地球の気温上昇は１００年あたりで０・７℃程度だったが、人類にとって全く問題はなかった。「２０３０年までに世界のCO_2排出量を半分にしないと、２１００年には気温上昇が４℃になり、災害が激甚化する」とするＮＨＫは、仮説に仮説を重ねた不確実なものをあたかも確実な科学のように報道したのみならず、明白な嘘までついていたのである。

ＮＨＫは国民を温暖化対策に駆り立てるという「正義」のためなら、どんなフェイクでも報道してよいと思っているのか。猛反省と軌道修正を望む。

怪しげな未来予測

その他にもＮＨＫスペシャル『２０３０ 未来への分岐点（１）』では「最新の成果」がいくつも発表されている。だが、「最新の成果」とは、科学的にはまだ答えが定まっていない、ということだ。つまりはこれから検証が必要なものばかり、ということである。

それに番組の内容を見てみると、「最新の成果」というよりも、「最近の流行りの成果」といった方がよさそうなものも多い。クラシック音楽であれば１００年、２００年の時を経て名曲が定まってくるが、ポップスの流行はいずれ忘れられるものが多いのに似ている。

のみならず、どれも政府当局の予算で賄われている研究であることに注意しよう。つまりは温暖化の悪影響を訴えるバイアスが少なからずかかっている。

また方法論として注意すべきは、予測のほとんどはコンピューターによるシミュレーションに頼っている、ということだ。シミュレーションには問題点が多々あるので、その結果は一つ一つ検証が必要だ。

以下、具体的にＮＨＫスペシャルが訴えた「予測」を見てみよう。突っ込みどころは満載だが、飽きが来るので全てワンポイントで述べる。

・気温上昇が４℃に達する

↓すでに述べたがホットハウスアースによる４℃の気温上昇とは、未検証の仮説にすぎない。だが、以下の不吉な予測の群れは、いずれもその４℃の気温上昇を前提にしていることに注意。

・地球温暖化でロシアの永久凍土が融けてその中から感染性のウイルスが発生する

↓ウイルスにはいろいろあるが、本当にそんなに危険なのか？　ちなみに世界保健機関は、つい昨年まで21世紀の最大のリスクは地球温暖化だと言っていたが、そんなことを言っている間に新型コロナウイルスのパンデミックが起きてしまった。明らかに優先順位を間違えていた。

・日本の砂浜の9割が海面上昇で消滅する

↓日本の砂浜はすでにかなりなくなったが温暖化のせいではない。ダム建設などによって河川から海に土砂が供給されないため、海流による浸食が一方的に進んだからである。それでダンプカーで砂を運び入れて砂浜を造成する「養浜《ようひん》事業」が大々的に行われている。数値モデル予測を信じるならば今後の海面上昇は２１００年までに60センチメートル程度に達するが、この程度であれば十分に適応できる。

・熱中症で外出自粛、医療逼迫

↓コロナ禍にひっかけたつもりらしいが、日本では夏の暑さで死ぬ人よりも、冬に寒さで死ぬ人の方が30倍も多い。これは超過死亡率の統計で明らかになっている。直観的に言っても、日本では秋から冬にかけて呼吸器系疾患や循環器系疾患になって体調を崩し亡くなる人が多いから、納得感があるだろう。温暖化すれば死亡率は下がる。それにしても、医療が逼迫しても猛暑の最中にわざわざ出かけて熱中症になるご老人がいるのか？

・寿司が食べられなくなって江戸前という言葉が消滅する

↓このへんになると噴き出してしまった。どんなに温暖化しても魚がいなくなるなどということはない。棲む場所や魚の種類が変わるだけだ。江戸前という言葉はもともとキスやアナゴなど東京湾で獲れる魚を指していた。すでに東京湾の魚はあまり食べられないが、これは水質汚染などが原因だ。魚も釣りも大好きな筆者としては、環境省はこういう本当の環境問題にこそもっと真剣に取り組んで欲しい。

・オリンピックが暑くてアジアでできなくなる

↓わざわざ真夏にやらなければよい。そもそも真夏にやらねばならない理由は、オリンピックの広告収入を高めるために、アメリカのスポーツのシーズンオフを狙ったにすぎない。

・令和元年東日本台風（旧称台風19号）では、温暖化によって降水が10％増え、河川の流量が20％増え、そのせいで洪水が起きた

↓シミュレーション計算を駆使しているので、よく知らない人は驚くかもしれない。しかし、統計を見ると台風は増えてもいないし強くもなっていない。豪雨の雨量もほとんど増えていない。温暖化でこの台風の雨量が多くなったというなら、他の台風はどうなのか？　みな雨量が増えたなら、なぜ統計には表れないのか？　これはイベント・アトリビューションという手法による最新のシミュレーション研究だが、統計とも突き合わせた検証が必要だ。

・強力台風で荒川が決壊して２メートルの水害が起きる

↓前述のように統計を見ると豪雨時の雨量はほとんど増えていない。その一方で、温暖化があろうがなかろうが、台風も豪雨も必ずやってくる。令和元年東日本台風（旧称台風19号）は、１９３０人の死者・行方不明者を出した１９４７年のカスリーン台風の再来だった。それでも利根川水系で大規模な被害が出なかったのは、八ッ場ダムなどのおかげだった。大事なのは防災対策をきちんと進めることだ。

・雪不足でスキー場閉鎖

↓2020年12月は大雪によって関越道で車が立ち往生してスキーどころでなくなった。さらに寒波で電力不足になり電力会社は必死になって天然ガスを世界中から買い付けていた。報道ベースでは大雪も温暖化のせいだとのたまった研究者がいたらしいが、大雪と雪不足、どちらも温暖化のせいだと言うのだろうか?

なお番組の最後にはアル・ゴア元米副大統領が登場したが、彼の映画が嘘ばかりだったことは今ではよく知られている（例えば、伊藤公紀、「問題だらけの『不都合な真実』正しくない記述に反証を」、『エネルギーフォーラム』2021年1月号）。

先述のように、「2020年までには不吉なことが起きる」とする過去になされた予測は世界中にあったが大外れとなった。無論、だからといって今後の予測も全て外れると決まったわけではないが、今回紹介した予測は一つ一つ、その信憑性を検証すべきであり、そのまま信じることは極めて危うい。

過去の観測データの統計と、「最新の報告」による未来の予測では、信憑性が全く違う。

前者を無視し、後者ばかりを取り上げるNHKは根本的に間違っている。

この番組における数々の予測は、「過去の統計データが何一つ災害の激甚化を示していないにもかかわらず莫大な費用がかかる温暖化対策を正当化する」ほどの、確固とした科学的知見とは言えない。

「気候危機」を煽る環境白書

令和2年度の環境白書では「気候危機」という言葉が使われた。2050年までにCO_2の排出をゼロにするという自治体の宣言も紹介されている。本当にこれを目指すなら、新型コロナウイルス対応で行われた「自粛」を上回る重大な経済的影響を覚悟しなければならないだろう。だが白書を読むと、観測データがまともに示されていない。これで国民に多大な負担を強いることは不適切だ。

台風、猛暑、豪雨を温暖化のせいに

環境白書では、台風、猛暑、豪雨が多発している、というエピソードが紹介されている。

だが、本当に気象災害が多発する傾向にあるのか、それは本当に地球温暖化のせいなのか、といった統計的な分析が全く掲載されていない。

実際には、台風も豪雨も猛暑も地球温暖化のせいではない。

環境白書には、容易に入手できる観測データすら掲載されていない。例えば「台風」「激甚化」と繰り返し書いてあるが、台風の統計データが全くない。

ではどこにデータがあるかというと、日本政府が別途まとめた資料には、きちんと掲載されていて、台風は増えてもいないし、強くもなっていないことが記述されている。

気象庁の記述では、次のようになっている（『日本の気候変動とその影響』２０１８年2月）。〈２０１６年の台風の発生数は26個（平年値25・6個）で、平年並であった。１９９０年代後半以降はそれ以前に比べて発生数が少ない年が多くなっているものの、１９５１～２０１６年の統計期間では長期変化傾向は見られない。「強い（最大風速33ｍ／秒以上）」以上の台風の発生数や発生割合の変動については、統計期間を台風の中心付近の最大風速（10分間平均風速の最大値）データが揃っている１９７７年以降とする。「強い」以上の勢力となった台風の発生数は、１９７７～２０１６年の統計期間では変化傾向は見られない〉

本来、環境白書は、まず丁寧にこのような統計データを示すべきだ。そうしなければ、読み手が客観的に環境の現状を把握できないからだ。今回の環境白書の出来の悪さを見るにつけ、「台風の統計データを掲載しないのは、気候危機というレトリックに不都合な真実だったからではないか」と勘繰られても仕方ないのではないか。

環境白書では猛暑にも繰り返し言及していて、地球温暖化のせいにしている。

だが地球温暖化は、起きているといっても、ごく緩やかなペースである。日本においては、気象庁発表で１００年あたり１・１～１・２℃程度である。なお近藤純正東北大学名誉教授によれば、気象庁発表には都市化等の影響が混入していて、それを補正すると１００年あたり０・７℃程度であるとされる。１００年あたり０・７℃とすると、子供が大人になる30年間程度の期間であれば０・２℃程度となる。０・２℃と言えば体感できるような温度差ではない。

確かに、「２０１８年夏は熊谷で最高気温が41・１℃」であったが、では、これに地球温暖化はどれくらい関係しているのか？

もし過去30年間に地球温暖化がなければ熊谷は「40・９℃」だったということだ。地球温暖化はごく僅かに温度を上げているにすぎない。

では、猛暑の原因は何かというと、第１は気圧配置の変化やジェット気流の蛇行など、自然変動だ。第2は都市化だ。100年あたりでは、東京は3・2℃、大阪は2・8℃、名古屋は2・6℃も上昇した。地球温暖化はこのうち0・7℃だから、都市化の影響の方がはるかに大きかった。

熊谷などで、人々が「猛暑」を感じているとしたら、そのほとんどは、以上のような地球温暖化以外の要因による暑さなのである。

環境白書は豪雨も地球温暖化のせいにしている。

理論的には、地球温暖化に伴って豪雨が増える可能性がある。「気温が上昇するほど飽和水蒸気量が増加し、そのために降水量が増える」という関係（クラウジウス・クラペイロン式の関係）があるからだ。

では観測データはどうかというと、大規模な水害を引き起こすような「日降水量が100mm以上」といったまとまった雨についての統計分析では、増加傾向もなければ、気温が1℃上昇すると降水量が6～7％増大するというクラウジウス・クラペイロン式の関係も見出されていない。

仮にこの既往の分析が誤りで、クラウジウス・クラペイロン式の関係が成立するとしても、その量は僅かである。先ほどと同様、30年間で0・2℃の地球温暖化があったとすると、1・2％の降水量増大となる。500㎜の雨であれば506㎜になるということにすぎない。

真っ赤な地図で印象操作

環境白書が台風、豪雨、猛暑を「温暖化のせいにしている」と書いたが、実際の言い回しは「温暖化の影響がある」等、曖昧になっている。

だが、0・2℃や1％しかないものを「影響がある」と表現するのは不適切だ。この書きぶりでは、結局、発表や報道では「温暖化のせい」と転じてしまう。「温暖化のせいではない」、ないしは「温暖化の影響はごく僅かである」と言うべきだろう。

なお白書では、統計データではなく、災害が激甚化するという「予測」に繰り返し言及されている。しかし、この予測は、不確かなシミュレーションに基づくものである。

「2050年ゼロエミッション」は、「コロナ自粛」以上の経済的負担を意味するだろう。かかる対策に国民を駆り立てるならば、はっきりとした根拠が必要だ。それは不確かなシミュレーションでは不足である。

環境白書は、何よりもまず、観測データを精緻に分析して、なぜ、どこまで対策が必要なのか、読者が検討できるようにすべきである。
データを隠すのは国民を愚弄する行為である。

その環境白書に「異常気象が多発している」ということが繰り返し書いてある。そして「2019年の世界各地の異常気象」がおどろおどろしい地図（マップ）にまとめられている。

このマップは、2019年の平均気温と1981～2010年の平均気温との差を、世界地図上でマイナス10℃からプラス10℃に色分けして示したものだ。

だが、指摘しておきたいのは、このような〝異常気象マップ〟は、作ろうと思えばいつでも、例えば50年前の時点でも作れるということだ。つまり、「異常気象が多発するようになった」という証拠にはならない。「多発するようになった」というのであれば、統計で示すべきであるが、それがない。

さてこのマップでは、地球全体が赤く染まり、僅か10年～40年の間にずいぶんと地球が暑くなったように見える。

2019年にはエルニーニョ現象の影響もあり、確かに気温は高かった。けれども、

2019年の平均気温と1981～2010年の平均気温の差は、気象庁のデータを見るとせいぜい0.5℃程度である。

0.5℃の違いを体感できる人はほとんどいないだろう。灼熱地獄のような真っ赤な絵で印象操作をするのは、いかがなものかと思う。

そして、もっと看過できない問題点がある。このマップは「フェイク」と呼ばれても仕方のない操作をしているのだ。

「2019年の世界各地の異常気象」のマップを見ると、かなりの領域が赤く塗られていて、地球平均で1℃か2℃、ないしはそれ以上の気温上昇が起きているような印象を受ける。だが、そんなに平均気温が上がったはずがないから、何かがおかしい。

そう考えて気がついたが、なんと、この年は寒かったはずのアメリカ、カナダ、インドネシアなどの広大な地域が、「説明文」が書かれた複数の四角い枠で隠されていた！

実は環境白書のマップで赤く塗られた部分の高い気温は、大半が自然変動によるものだ。気象は年々自然変動している。ジェット気流が蛇行したり、気圧配置が変わったりして、年々、暑い場所があったり、寒い場所があったりする。だから、2℃ぐらい平均気温が上がったり、下がったりすることは普通に起こる。特にこの年は、日本でも欧州でも暑かったが、北米等はそうではなかった。

環境白書は、「寒かったところを隠して、暑かったところだけを赤く塗って示している」ということだ。これは、政府の白書が観測データを示す方法として、適切とは言えない。

防災白書も誇大報告

環境白書のフェイクぶりを書いてきたが、防災白書も似たようなことを行っている。

令和2年版の防災白書には「気候変動×防災」という特集が組まれており、それを見たメディアが「地球温暖化によって、過去30年に大雨の日数が1・7倍になり、水害が激甚化した」としばしば書いている。

だがこれはフェイクニュースである。

悪いのは防災白書だ。まずその記述を引用しよう。

〈日降水量200mm以上の大雨の年間発生日数は増加しており、最近30年間（1990～2019年）と統計開始の30年間（1901～1930年）で比較すると約1・7倍となっているなど、大雨の頻度は強度と共に増加している〉（令和2年版『防災白書』第3章1―1

「気候変動×防災」の検討の状況)

この記述の根拠として、防災白書には「日降水量200㎜以上の年間日数」(出典：気象庁資料)という図が添付されている。だがこの図には問題がある。

図自体は気象庁ホームページで簡単に見ることができる。すると、確かに大雨の日数が増える傾向があるように見え、今後も増大してゆきそうに見える。

しかしこの図は、期間(横軸)を1975年以降としているのである。じつはこれ以前の1940年から1975年の間には、大雨の日数の多い年はたくさんあった。同じ気象庁ホームページのラジオボタンを操作すると、過去120年の全国51地点平均のデータをダウンロードできて、それが確認できる。

その1900年から現在まで120年の期間の中で、1940年以降を見れば、大雨の日数は、ほとんどフラットであることが分かる。

1940年以前に大雨の日数が少なかった理由はよく分からないが、昔のことなので計測方法の変更等による誤差かもしれない。データが正しいとしても1940年以前はCO_2排出量も少なかったので、1940年頃に大雨の日数が急に多くなっていたのは、地球温暖化ではなく、自然変動が主な要因であろう。仮に地球温暖化による影響があったとしても、1900年以来の気温上昇は1℃程度であるから、クラウジウス・クラペイロン式の関係による降水量増大は6％か7％程度しかない。1.7倍もの大雨の頻度増大を説明するほどのものではない。

以上のように、防災白書の「気候変動×防災」特集を読むと、1975年以降の大雨発生日数の増加だけを図で切り出しておいて、いかにもこれが地球温暖化に起因するものであり、そのせいで近年に水害が激甚化したかのように書いている。

だが、地球の気候を少しでも知っている人であれば、気候には数十年規模の振動がいくつもあるので、過去45年だけのデータから傾向を読み取ってはいけないことは解っているはずだ。それを知らずに防災白書を書いたとしたらそれだけでも問題があるが、おそらく知っていて書かなかったのであろう。というのは、気象庁のホームページには、もっと長い期間を見なければ、地球温暖化との関連は評価できない、と次のようにはっきり書いてあるからだ。

〈これらの変化には地球温暖化の影響の可能性はありますが、アメダスの観測期間は45年程度と比較的短いことから、地球温暖化との関連性をより確実に評価するためには今後のさらなるデータの蓄積が必要です〉（気象庁ホームページ「大雨や猛暑日など（極端現象）のこれまでの変化」）

ちなみに、防災白書が大雨の日数を取り上げていること自体、どの程度の意味があるのかはっきりしない。防災上でより重要なのは大雨の降水量であって、これについてはほとんど増加していないことはすでに述べた。

防災白書は、国民の命と財産を守るための重要な資料である。地球温暖化については、その影響を誇大に報告したり、誤解を招くデータを示したりするのではなく、正確を期するべきであろう。改善が必要だ。

科学をインターネット検閲

検閲というと、政治の話かと思いきや、科学にも闇が迫っている。地球温暖化のように極めて複雑な自然現象を扱う問題では、幅広い科学的な見方があるのは当然である。ところが、ソーシャルメディアが「温暖化脅威論」に対して懐疑的な記事を、削除したり、検索にかからないようにして、情報の伝達を妨げている。

脱炭素は新興宗教

CO_2をゼロにするという急進的な環境運動は今や宗教となり、リベラルのアジェンダに加わった。それは人種差別撤廃、貧困撲滅、LGBT・マイノリティの擁護等に伍して、新たなポリティカル・コレクトネスになった。

CO_2ゼロに少しでも疑義を挟むと、温暖化「否定論者」というレッテルを貼られ、激しく攻撃される。この否定論者（ディナイアー）という単語は、ホロコースト否定論者を想起させるため、英語圏では極悪人の響きがある。

日本のNHK、英国のBBC、ドイツの公共放送、米国のCNNやABC等の世界の主要メディア、そしてGAFA（グーグル、アマゾン、フェイスブック、アップル）などの大手IT企業もこの環境運動の手に落ちた。彼らは不都合な観測データを隠蔽し、不確かなシミュレーションを確実な将来であるがごとく報道し、単なる自然災害を温暖化のせいだと意図的に誤解させてきた。異論は封殺し、急進的な環境運動を支持するよう諸国民を洗脳した。

彼らの手段は宗教的な映像と物語だ。テレビではおどろおどろしい災害の映像が次々に流れる。そして「洪水も山火事も台風も温暖化のせいで激甚化した、地球環境はすでに壊れている、世紀末には大災厄が訪れる、気候危機だ」と恐怖を煽る。だが彼らはこの物語に合わない災害の統計を悉く無視する。これはもはや科学とは一切関係のない宗教になっている。

温暖化物語はさらに続き、「規制や税でCO_2を削減すべきで、大きな政府と国連への権力委譲が必要だ」とする。これもリベラルの世界観にぴったりだ。国際環境NGOらは資本主義を嫌い、自由諸国の企業や政府に強烈な圧力をかける。その一方で、国家権力による経済統制を好み、中国政府の温暖化対策を礼賛し、中国企業は攻撃の標的にしない。

もし本気でCO_2を減らしたいならば、自由な経済活動によって科学技術全般のイノベーションを促すことが絶対不可欠だが、彼らはそれを否定し、生活を統制し耐乏生活を強いることを望む。

中世の宗教が近代になって滅び、代わって共産主義が台頭したが崩壊した。だが巨大な権威と一体化し、そこで権力を振るい社会を計画し管理したいという願望は潰えず、環境運動がその後を継いだ。環境運動はCO_2ゼロという最も急進的な形でリベラルのアジェンダに加わったことで、政治的な成功を収めた。今はその絶頂にある。

インターネット空間でも環境運動が優勢である。2020年の米大統領選ではGAFA

などの大手ソーシャルメディアの民主党寄りの党派性が剥き出しになったが、温暖化にも言論統制は及んでいる。手口は共和党を封じたのと同じ方法だ。

即ち急進的な環境運動に疑義を呈する記事があれば、彼らは主観的な判断によって「不適切」であるとして削除したり、拡散・共有を停止したり、アカウントを停止したりする。あるいは記事に「偽情報」のタグを付けて信憑性を貶め、検索にかからないようにする。これらの手段で記事の閲覧数を減らすのみならず広告収入を断つ。

温暖化に関して確認すると、ユーチューブ、ツイッター、グーグル、リンクトイン、フェイスブックは程度の差はあれ全てこのようなことをしていた。

最近の不穏な動きとして「フェイスブックは温暖化に関する偽情報の拡散を止めるべきだ」というオープンレターが発表された。本当の意味で温暖化の偽情報というならリベラルなメディアとGAFAこそ偽情報だらけだが、このレターは明らかに温暖化「否定論者」を標的にしている。レターの署名者にはクリントン政権で大統領首席補佐官を務めたジョン・ポデスタ氏もいる。バイデン政権下で何が起きるか危惧される。

トランプVSツイッター

インターネット検閲に馴染みのない方のために、ソーシャルメディアによる検閲の一つの例として、２０２０年の米大統領選で話題になったトランプ氏とツイッターの対決を紹介しよう。

トランプ氏がツイッターに掲載した「郵送投票では不正が生じる」という記事（ツイート）に対して、ツイッター社は、「注意！　郵送投票について事実確認をしてください」と警告を書き、さらに、トランプ氏の発言に否定的なリンクを付けた。

このリンク先には、CNNやワシントン・ポストなどの、トランプ氏に否定的なメディアの報道が引用されている。

ツイッター社は「ミスリーディングな情報」について、このような対応を採る、という方針を表明した。

これを受けトランプ大統領（当時）は、「言論の自由を損なうものだ」として、ソーシャルメディア事業者に対する規制を強化する大統領令に、２０２０年5月28日に署名した。

それは、これまでソーシャルメディア事業者は、プラットフォームに掲載されている記事の内容については法的責任を免れていたが、もはやそれを認めるべきではない、というものだ。

これは決してトランプ大統領の独走ではなく、共和党の有力者からの支持も得ていた。例えば、大統領候補でもあった共和党のマルコ・ルビオ上院議員は、ソーシャルメディア事業者に対し、上述のような事実確認の注意喚起（ファクトチェック）のラベルを付ける場合は「出版社の編集作業と実質的に同じことをしているわけだから、その行動について出版社同様の法的責任を担うべきだ」と訴えていた。

ソーシャルメディアはこの大統領令に対して、このような形でソーシャルメディアの活動に制約を課することは、これまた「言論の自由を損なう」として、反発した。

その後、本格化した大統領選では、ＳＮＳは党派性を剥き出しにして民主党支持に回った。アメリカ大統領選の結果の認定手続きをめぐり、トランプ大統領の支持者らが首都ワシントンの議事堂に侵入すると、トランプ大統領のツイッターアカウントは永久凍結されるに至った。

検閲された温暖化「懐疑論」

さて、本題の地球温暖化問題に戻ろう。

地球温暖化に関しては、「災害がすでに起きており、脅威が差し迫っており、２０５０

年ゼロエミッションといった大規模なCO_2排出削減が必要だ」とする温暖化「脅威論」と、そこまで極端な対策は必要ないとする「懐疑論」がある。

なお「懐疑論」と言っても幅は広く、一定の温暖化対策は必要だとする考えもあれば、CO_2による地球温暖化自体を全否定する考えもあるが、以下では便宜上まとめて「懐疑論」と呼ぶことにする。

この「懐疑論」が、ウェブサイト上で次のような検閲被害に遭っている。

・「フォーブス」(1)「環境運動家の謝罪」記事を取り下げた

環境運動家のマイケル・シャレンバーガー氏が「脅威論」から「懐疑論」に転向し、「過去に地球温暖化の脅威を煽っていたことを謝罪する」という記事を発表して話題になった。彼は「気候変動は起きているけれども、世界の終わりではないし、我々の最も深刻な環境問題でもない」といったことを書いている。

実は彼のこの記事は当初、「フォーブス」のウェブサイトに掲載された。だが、すぐに削除されてしまったため、シャレンバーガー氏は仕方なく、自身が運営するNGOのウェブサイトにそれを掲載した(「Environmental Progress」2020年6月29日)。

「フォーブス」は記事を削除した理由を「編集上のガイドライン違反」としているが、それ以上何も説明していない。なおシャレンバーガー氏は「フォーブス」の常連で、以前書いた記事は今でも多くが閲覧できる。

・「フォーブス」(2)「太陽活動の変化が温暖化に関与する」という記事を取り下げた

実は「フォーブス」が懐疑論の記事を取り下げたのはシャレンバーガー氏の寄稿が初めてではない。

ドロン・レビン記者が、科学者ニル・シャビーブ氏とその研究に関する記事を「フォーブス」に掲載したことがある。「太陽活動の変動が地球温暖化に関与している」「CO_2倍増による地球の気温上昇は、1℃と1.5℃の間程度。IPCCが1.5℃と4.5℃の間程度と言っているのより低い」といった内容だ。だが、発表後まもなく、「フォーブス」はその記事を取り下げてしまったのである。「フォーブス」の当該ページを見ると、「この記事は利用できません」となっていて読めない。ドロン・レビン記者は仕方なく、当該記事を別のウェブサイトにアップしている。

記事を取り下げた理由として、「フォーブス」は「編集上の基準に達していない」としているが、それ以上の説明はない。ニル・シャビーブ氏は「編集上の基準に達していない」という理由は建前で、実際には〝政治的に正しくない〟温暖化の記事であると判断し、削除したのであろう、と抗議している。

・ユーチューブ「マイケル・ムーアの再エネ批判映画」を取り下げた

環境に優しいとされてきた再生可能エネルギーが、実は環境への影響が大きく、また一大産業化して企業の利益と結びついている、という現実を明らかにし、８００万人以上が視聴したマイケル・ムーア監督の映画『プラネット・オブ・ザ・ヒューマンズ』が、ユーチューブから削除された。

ユーチューブに削除を申し立てたのは、英国の環境写真家トビー・スミス氏であり、著作権侵害が理由だった。氏の作品は映画中で僅か4秒間使われていただけだった。

結局、当該の4秒間を削除したことでユーチューブと映画製作者間の折り合いがついたようで、11日後にはユーチューブに再びアップされた。

製作者側は、この4秒間の削除も法的には不要なことであり、「著作権法を濫用し、政治的な動機を達成しようとした試みである」として削除申し立てが不当だと非難している。

また、製作者側は「映画に対する組織的な攻撃が行われた」としている。証拠として、ジョシュ・フォックスという映画監督兼環境活動家が、「映画を削除すべし」と呼びかけるメールを関係者に送ったことを突き止め、それに呼応して著作権侵害の申し立てが行われた、としている。

マイケル・ムーア監督らは対抗措置として、ユーチューブ以外の300以上のウェブサイトに映画配信を依頼した。多くのウェブサイトから配信されていれば、検閲で妨害されても実質的な被害は少ないとの考えからだ。

ソーシャルメディアの検閲

ソーシャルメディアでも、温暖化「懐疑論」が検閲の被害に遭っている。

アンソニー・ワッツ氏は懐疑論についてまとめたホームページ「WUWT（Watts Up With That?）」を主宰しているが、彼がツイッター、グーグル、リンクトインに広告を掲載した際に受けた扱いについて、そこに記している。かいつまんで紹介しよう。

・ツイッター

ツイッターには、広告掲載機能がある。

ワッツ氏はツイッターにアカウントを持ち、広告を出していたのだが、アカウントからの広告を停止された。広告停止の理由は、「不正確な内容」を掲載したということだった。だがツイッター社が何を不正確と判断したかというと、例えば「地球温暖化の科学は間違いだ」とするノーベル賞物理学者の動画記事を紹介したことだった。

・グーグル

グーグルにも、検索の利用に合わせて広告を掲載する機能がある。だが、ワッツ氏の広告は、偽り（misrepresentation）であるとして、掲載を取り下げられることが度々あった。記事の内容は、前述と同様、多くのノーベル賞受賞者を含む著名な科学者が、温暖化懐疑論者である、というものである。

ただし、グーグルは最近になってワッツ氏の広告を禁止することは止め、マイナーな文書修正によって広告が掲載されるようカスタマーサポートをしている、とのことである。

・リンクトイン

マイクロソフトのリンクトイン（ビジネス特化型SNS）も、ワッツ氏の意見広告を何度も禁止している。広告の内容は、やはり著名な科学者に大勢の懐疑論者がいる、というもの。リンクトインが禁止している理由は、「憎悪、暴力、差別、敵対」のため却下する、というものである。ワッツ氏は、これは理由になっていない、と抗議している。

・フェイスブック

ワッツ氏はフェイスブックからの被害はない、としている。

だが、別の懐疑論者であるパット・マイケル氏は、フェイスブックから記事に「偽情報（False）」というタグを付けられる被害に遭ったとしている。

「偽情報」のタグが付けられると、他のユーザーの検索にヒットしなくなる。すると情報の拡散ができなくなって、メッセージを読まれる回数が減る。広告を伴う場合には、その売り上げにも悪影響が出る。このようにタグを付けて事実上その記事を禁止する手法は、「シャドウ・バン」（隠れた禁止）と呼ばれている。

フェイスブックは、「Climate Feedback」というグループに依存して事実確認（ファクトチェック）をし、「偽情報」の判定をしている。だがこれは、事実確認というよりは、レビューを担当した２名の研究者の意見の反映にすぎない、とマイケル氏は述べている。そして、レビュー意見に対しての反駁記事を別途発表している。

パット・マイケル氏の主張は、過去１００年の地球温暖化の半分は自然変動であって温室効果ガスのせいではない、といったものだ。

地球温暖化のように極めて複雑な自然現象を扱う問題では、脅威論から懐疑論まで、幅広い科学的な見方があるのは当然である。

筆者の見立てでは、今回「懐疑論」として被害に遭った記事は、いずれも科学的に健全な議論の範疇であり、「偽情報」と断定できるようなものではない。

筆者の感覚ではむしろ、温暖化「脅威論」の方が、よほど明白な偽情報が蔓延している。例えば「温暖化のせいで台風が強くなった」という記事は多いが、実際には台風は強くなどなっていないことは統計を見れば明らかだと先にも述べた。だが、このような「脅威論」の明白な偽情報が、タグを付けられてシャドウ・バンをされたのは見たことがない。

今回の事例で分かったことは、温暖化「脅威論」のストーリーに合わない記事が、削除されたり、あるいは「偽情報」タグを付けられて事実上の禁止をされ、人々の情報入手が妨害されている、ということである。

このようなやり方で、ソーシャルメディアが、全知全能の神のように真偽を判断することは、科学情報の普及の仕方として不健全である。

先にも述べたように「フェイスブックは、温暖化に関する偽情報の拡散を止めるべきだ」、というオープンレターが発表された（2020年7月1日）。

米国では、共和党は「ソーシャルメディアが民主党寄りであり、シャドウ・バンによって共和党の利益を害している」と見ている。他方で民主党は「共和党側がフェイクニュースを流して民主党の利益を害している」と問題視している。温暖化問題についても、民主党は「懐疑論」を「共和党によるフェイクニュース」だと見ているのかもしれない。

これから、ソーシャルメディアにどのような政治的圧力がかかるのか。その結果として、いかなる方針をソーシャルメディアが採用するのか。それは温暖化の科学の論争にどう影響するのか。引き続き注視が必要となりそうだ。

ＦＢのファクトチェックをファクトチェック

フェイスブック（ＦＢ）は、温暖化についての「ファクトチェック」を活発化させている。その内容を見てみよう。

最近になって、共和党寄りの有力なウェブサイトであるブライトバートに掲載された記事に対して「ファクトチェック」が行われ、「この記事は信憑性が極めて低い」と格付けされた。

このような格付けをされると、当該記事は検索にかかりにくくなるなど、閲覧、拡散に事実上の制限がかかる。いわゆる「シャドウ・バン」である。

しかしながら、このファクトチェックは、きわめて杜撰だ。

ブライトバートの記事は、研究機関ＧＷＰＦ（The Global Warming Policy Foundation＝地球温暖化政策財団）の報告書を基に書かれたものだ。報告書は、政府機関等の過去の統計データをレビューしたものである。そこでは、ハリケーンの強度や頻度の増加は起きていないといったこと、そして人類は健康で長寿になり、マラリアなどによる死亡は大幅に減ってきたこと等を示している。

だが「ファクトチェック」ではこれに対して、「シミュレーション研究（イベントアトリビューションを含む）では災害は増えているという結果になるから、これを引用しないのはおかしい」などと述べている。ちなみに、イベントアトリビューションとは異常気象に地球温暖化がどのくらい関わったのかを定量的に調べる新しい解析手法のことだ。

もとより、報告書が過去の統計データをきちんと精査するという方針にしたことに、何の問題もない。シミュレーションは任意のパラメーター設定だらけであって、過去の統計とは全然データの質が違う。

さらに「ファクトチェック」では、マラリアなどによる死亡が大幅に減ったのは確かだが、それは温暖化によるものではない、などと述べている。しかし、GWPFの報告書は温暖化によるものだなどとは言っていない。まるで見当違いの批判をしている。

この「ファクトチェック」は延々と続くが、数人の研究者が、報告書をきちんと読みもせずに、党派性だけで、信憑性を貶めるために、結論ありきの「ファクトチェック」をやっているにすぎない。見ているとだんだん嫌になってくる。

GWPFは多岐にわたる反論を公開しているが、フェイスブックは聞く耳を持つのだろうか。

さらに悪いことに、フェイスブックはさらに検閲を強化するとブライトバートが報道している。温暖化に関する記事については「正しい情報はこちら」だとして、フェイスブックが選定したサイトへ誘導する仕組みを作るらしい。

ブライトバートのニュースは目下のところフェイスブックで多数シェアされている一方で、共和党系のパーラーへのリンクも貼られるようになっている。

今後、フェイスブックは検閲を強め、共和党系の人々はこれを嫌ってパーラーに乗り換えていくことになりそうだ。筆者の記事も、フェイスブックからはシャドウ・バンで追放される日が近いかもしれない。

リベラルのフェイクと政治力

気候危機に誘導する国連アンケート

日本政府のフェイクぶりも酷いが、国連も負けていない。

国連は気候変動に関する世論調査を行い、その結果として「3人に2人が世界は気候危機にあると答えた」と報告した。だが、これは最悪のレポートだ、と米国ブレークスルー研究所のカービー氏（Kenton de Kirby）が批判している。

カービー氏が批判したレポートは、国連開発計画（UNDP）が発表した「The

People's Climate Vote」（２０２１年１月26日）だ。このレポートは「64％の人が気候変動は危機的だと答えた」ことをもって、「気候が危機に瀕しているという幅広い認識がある」と結論した。

では、この国連による気候変動の世論調査がどんな質問をしたのかを少し見てみよう。

「第１問　気候変動は地球の危機ですか？　a Yes　b No」

ちょっと待て、と言いたくなる「二択」である。「気候変動は起きているが、危機ではない」、あるいは「わからない」という選択肢はないのか？　これでは３人に２人はaと答えてしまうのではないか？

「第２問　もしYesなら、世界はどうすべきですか？」

この答えは４択で、結果を見ると、「a　必要なことは急いで何でもやる」は59％、あとの41％は「b　学習しつつゆっくり行動」「c　もう既に十分やっている」「d　何もしない」となっている。

するとと「気候が危機」にＹｅｓと答えた人の中で、41％は全然、危機らしい行動を取れとは言っていないではないか。

つまり世界の「気候が危機」にあって「必要なことは急いで何でもやる」べきだと答えた人は、64％×59％＝38％に留まる。過半数にもなっていない。この世論調査は、他にも問題がいくつも指摘されているが、それはカービー氏の記事に譲る。

ちなみにこの調査は「１２０万人を対象にした史上最大のアンケートだ」というのが自慢のようだが、いったいお金はいくらかかったのだろうか。

インチキなアンケートという点ではギャラップも負けていない。ギャラップは最も有名な調査会社である。

ギャラップのホームページに「アメリカではこれまでになく地球温暖化を心配するようになっている」というアンケート結果が書かれた記事がある（「Americans as Concerned as Ever About Global Warming」２０１９年3月25日）。

確かに「とても温暖化を心配している」と回答した人の割合は右肩上がりで増えている

ため、これを見ると「そうなのかな、アメリカも国民全体として温暖化問題の心配を始めたのかな」と思ってしまいがちだ。

けれども、上昇傾向にあるのは2015年以降だけである。1990年までさかのぼったデータを探してきて見てみると、実は温暖化への心配は上がったり下がったりを繰り返してきたことが分かる。一貫して心配が増してきたわけではない。

天下のギャラップも酷いデータの操作をするものだ。

ジョン・ケリー特使の科学力

2021年、テキサス州を筆頭として、北米に大寒波が来た。

バイデン政権で気候変動問題担当特使に就任したジョン・ケリー氏がCBSのインタビューに答えて「この寒波も地球温暖化のせいだ」と述べた。「そんなバカな」というわけで、共和党系ウェブサイトであるブライトバートで関心を集めていた（2021年2月19日）。

筆者もそんなはずはないと思って、統計を確認してみた。

米国政府の公式レポート「Fourth National Climate Assessment（NCA4）」（2017年）

で、米国平均の年間最低気温のグラフを見ると、やはり全体として上昇傾向にあった。同報告の別の図によれば、過去、極端な寒波の頻度も減り続けていた（ちなみにシミュレーションによる将来予測でも、年最低気温は上がる、となっている）。

注意しておきたいのは、過去の気温データには都市化等の影響が混入しているかもしれないし、将来のシミュレーションは不確かなものだということだ。また、気候についてはよく分からないことが多いから、ひょっとするとCO_2が増えたら極端な寒波が来るということもあるかもしれない。定説と呼ぶには程遠いけれども、実際にそういう説を唱える学者はいる。

だが何より、先に述べたように、そもそも統計データを確認すると年最低気温は下がっていないし、極端な寒波の頻度も増えていないのだから、「地球温暖化のせいで極端な寒波が来るようになった」などという意見は無理筋というものだ。

しかし、ジョン・ケリー氏の語り口をブライトバートにあるビデオクリップで聞くと、今般の寒波も温暖化のせいであり、あと9年しか時間がない、気候危機だ、などと、すっかり温暖化脅威論を信じ切っているようだ。この調子では、どのような統計データを見せたところで、意見を変えることはなさそうだ。もはや科学は関係ない。

このジョン・ケリー氏が米国の気候変動特使として、これから国際交渉に専念することになる。ケリー氏だけでなく米国民主党にはこの手合いの人が多い。日本としてはこれに付き合わざるを得ないが、科学を無視した極端な温暖化対策で国益を失うことのないように、気をつけないといけない。

環境運動家が「謝罪」した理由

環境運動歴の長いマイケル・シャレンバーガー氏が「気候変動の恐怖を煽ったことを謝罪」したコラムが、「フォーブス」のシャドウ・バンの対象になったと前に述べた。

彼の経歴は風変わりである。17歳から筋金入りの環境運動家・社会主義運動家として世界を巡り、やがて再生可能エネルギーや有機農業などはかえって環境への影響が大きいことに気付き、原子力を推進するようになった。現在はNGOであるEnvironmental Progressの代表を務めるかたわら、メディアで多くの記事を書いている。国際会議ICEF（アイセフ、Innovation for Cool Earth Forum）の講演などで何度か来日もしている。

先述したシャドウ・バンされたコラムは、そのシャレンバーガー氏が著作『Apocalypse Never: Why Environmental Alarmism Hurts Us All（黙示録はもう要らない　なぜ環境危機扇動主義が我々全てに有害か）』の発表に合わせて同著の概要を紹介する中で、気候変動の恐怖を煽ったことを謝罪したものだった。それまで彼は、気候変動の恐怖を煽ることで、CO_2排出の少ないエネルギーを唱道してきたが、近年になって、環境運動がいよいよ常軌を逸するようになったと感じ、気候変動の恐怖を煽ってきたことを認め、謝罪すべきだ、と感じたとのことであった。

彼の主張は次のようなものだ。

●気候変動は起きているけれども、世界の終わりではないし、我々の最も深刻な環境問題でもない
●人間は「6回目の大量絶滅」を引き起こしていない
●アマゾンは「世界の肺」などではない
●気候変動は自然災害を悪化させていない
●森林火災は2003年以来、世界中で25％減少している
●人類が肉の生産に使用する土地面積は大幅に減少しており、その面積はアラスカに匹敵する
●オーストラリアとカリフォルニアの山火事は気候変動のせいではない。森林管理の失

敗である

●CO_2排出量は、多くの豊かな国で減少しており、1970年代半ばからイギリス、ドイツ、フランスで減少している

●オランダは海面より低い土地の生活に適応して豊かになった

●世界の食糧生産の余剰は25%もある。世界が暑くなるとさらに余剰は増加する

●種の保存への脅威は、気候変動よりも、生息地の喪失と野生動物の殺害である

●薪炭は化石燃料よりも人や野生動物にとってはるかに悪い

●将来のパンデミックを防ぐには、農業の産業化が必要だ

本書の読者は、いくつかの細部はともかく、以上のほとんどがファクツ（事実）であると分かるだろう。だが、これらは、環境運動家のレトリックや日本の大手メディアの論調とは、かけ離れている。

嘘つきから科学を守る

シャレンバーガー氏は、これまで気候変動の恐怖なるものが嘘であることは言わなかったが、その理由は、困惑していたからだそうだ。

「結局のところ、私は他の環境保護主義者と同じくらい、脅威を煽りたてるという罪を犯していた。何年もの間、私は気候変動を、人類文明の生存の脅威と呼び、〝危機〟と呼んだ」と彼は告白する。だがそれ以上に「私は怖かった」と言う。

「私は友人や資金を失うことを恐れていた。私は気候変動の科学の情報歪曲キャンペーンに対して、何も発言しなかった。私は何度か嘘つきから科学を守ろうと勇気を奮い立たせようとしたが、そのたびに酷い目に遭った。それで結局は、私の仲間の環境保護主義者が一般の人々の恐怖を煽るのを、ただ傍観してきた」

彼が今回一大決心した理由は、気候変動に関する世論が、あまりにも極端になったせいだ、という。2018年の中間選挙で下院議員となったアレクサンドリア・オカシオ＝コルテス氏は「気候変動に取り組まなければ、世界は12年後に終わるだろう」と語った。英国で最も有名な環境団体は「気候変動は子どもを殺す」と主張した。

このような報道に曝された結果、ある調査では、一昨年（2019年）に、世界28カ国、3万人を対象としたアンケートで、質問された人の半数は「気候変動が人類を絶滅させると考えている」と答えた。そして2020年1月、イギリスで行われた別の調査では子供の5人に1人が、気候変動に関する悪夢を見ている、と答えた。

この状況に耐えられず、シャレンバーガー氏は声を上げることにした。彼の著作が提示する地球環境問題の分析は次のようなものだ。

●工場と現代的農業こそが、人間の解放と環境保全の鍵である

●環境保全のために最も重要なことは、より少ない土地でより多くの食料、特に肉を高い効率で生産すること

●大気汚染とCO_2排出量を削減するための最も重要なことは、薪炭から石炭、石油、天然ガス、ウランへの移行である

●電力源を100％再生可能エネルギーに転換するとなると、エネルギー生産のために使用される土地面積を、今日の0・5％から50％に増やす必要がある（注／米国に於いて）

●都市、農場、発電所は、低いエネルギー密度ではなく、高いエネルギー密度にすべきだ

●菜食主義への転向は個人の排出量を4％以下しか減らさない

●クジラを救ったのは、国際環境NGOグリーンピースではなく、鯨油から石油とパーム油への転換だった

●放牧牛肉は飼育牛肉に比べ、20倍の土地を必要とし、300％以上のCO_2を排出する
●グリーンピースの教義によってアマゾンの森林が断片化し環境が悪化した
●コンゴのゴリラ保護は植民地主義的であり、国民の反動が起き、250頭のゾウの殺害をもたらしたかもしれない

以上も、細部にやや違いはあるものの、全体としては筆者は大いに共鳴する。現代的な工場と農業、土地利用圧力の少ないエネルギーこそが、人類の解放と環境保全の鍵である。

なおシャレンバーガー氏は再生可能エネルギー、なかんずく風力発電を大々的に推進する、米国民主党が採択した「気候危機アクションプラン」（Climate Crisis Action Plan）について、風力発電が野生動物、とくに野鳥に与える被害を懸念しており、「民主党の新しい気候計画が絶滅危惧種を殺す」と題する論文も書いている。

地球環境問題を知るほどに、そのファクツは「気候危機」というレトリックや、その下で歪曲されている情報から、かけ離れていることが分かる。シャレンバーガー氏も、そのことを公に認める1人に加わった。今後は、強力な論客になるだろう。

コラム

ひろがる21世紀の啓蒙思想

今、世界には新しい思想が現れている。名前すらまだ確定しておらず、合理主義、楽観主義など様々な呼び方がされているけれども、間違いなく一つの潮流がある。それは、過去に人類が進歩したことをデータで確認し、将来についても進歩が必然的に起こることを理解し、結果については楽観して前向きに取り組もう、というもの。以下、この新しい思想を担う思想家たちと著作の系譜を、読書ガイド風に辿ってみよう。著者の主張が凝縮されて示されているので原題を併記する。環境問題はもちろんのこと、これからの日本の諸課題を考えるための足場になる。

地球環境危機に対する悲観論は昔からあった。しかし実際のところは、過去数世紀にわたる統計を見ると、環境は改善し、人々の暮らしは快適になった。大気汚染は減り、水質はきれいになり、廃棄物は管理されるようになった。栄養状態は良くなり、寿命は延び、健康状態は良くなった。労働時間は減り、教育が受けられるようになった。経済的に豊かになるにつれ、政治や社会も改善した。暴力は減り、基本的人権は多くの国で保障されるようになり、戦争による死者も減った。これらすべては、技術進歩と経済成長の賜物である。

このうち、まず環境と衛生の改善については、ビョルン・ロンボルグが『環境危機をあおってはいけない　地球環境のホントの実態』（文藝春秋、原題：The Skeptical Environmentalist）によって、あらゆるデータをまとめた。

スティーブン・ピンカーは、『暴力の人類史』（上下、青土社、原題：The Better Angels of Our Nature :Why Violence Has Declined）で、暴力が減り、戦争が減っていることをまとめた。

マット・リドレーは、『繁栄―明日を切り拓くための人類10万年史』（上下、早川書房、原題：The Rational Optimist）および『進化は万能である』（早川書房、原題：The Evolution of Everything）で、過去10万年間の技術進歩によって、様々な社会的課題が解決されてきたことを示した。

過去に技術進歩と経済成長によって世界が良くなったということは、将来についても楽観する理由になる。そのような楽観論は多くあるが、例えばケヴィン・ケリーが『テクニウム』（みすず書房、原題：What Technology Wants）、『〈インターネット〉の次に来るもの 未来を決める12の法則』（NHK出版、原題：The Inevitable：Understanding the 12 Technological Forces That Will Shape Our Future）にまとめた。

環境については、人間活動によって壊れる脆弱なものであるという旧来の認識が覆され、環境は人間活動と共に進化する強靭なものだという認識が広がっている。この見方の嚆矢《こうし》はスチュアート・ブランドによる『地球の論点―現実的な環境主義者のマニフェスト』（英治出版、原題：Whole Earth Discipline：An Ecopragmatist Manifesto）であった。ブランドは、合理的な思考によって、人類は上手く地球をガーデニングできるとした。

また近年になって、クリス・D・トマスは『なぜわれわれは外来生物を受け入れる必要があるのか』（原書房、原題：Inheritors of the Earth）で、地球温暖化などの人類による攪乱で生態系は変化するが、しかし、生態系はしたたかに対応するので、全体として生態系の豊かさが失われることはないとしている。

人類の将来について楽観するピンカーとリドレーは、悲観論者のマルコム・グラッドウェルとボトンを相手に『人類は絶滅を逃れられるのか―知の最前線が解き明かす「明日の世界」』（ダイヤモンド社、原題：Do Humankind's Best Days Lie Ahead?）でディベートし、勝利と判定された。

そして今、ハンス・ロスリングによる『FACTFULNESS（ファクトフルネス）10の思い込みを乗り越え、データを基に世界を正しく見る習慣』（日経ＢＰ、原題：Factfulness: Ten Reasons We're Wrong About The World - And Why Things Are Better Than You Think）が、世界で３００万部突破、日本で１００万部のベストセラーとなり、よく読まれているようだ。

また、ピンカーは最新刊『21世紀の啓蒙　理性、科学、ヒューマニズム、進歩』（上下、草思社）を著した。この原題は「Enlightenment Now」であり、今こそ啓蒙を、という意味だ。いずれも、世界が良くなってきたことを、データを基に語るというスタイルだ。

もちろん過去に進歩したからといって、将来もそうだという保証はない。だが、結果については楽観する方が妥当である。過去にも様々なリスクがあったものの、それに賢明に対処したおかげで今日の社会があるのだから。

むやみに悲観的にならず、自信を持って課題に取り組めば、これまでずっとそうだったように、将来もきっと良くなる。「21世紀の啓蒙思想」は、我々にそう教えている。

第5章

脱炭素との付き合い方

小泉進次郎環境大臣

「くっきりとした姿が見えているわけではないけど、おぼろげながら浮かんできたんです。『46』という数字が。シルエットが浮かんできたんです」

（2021年4月23日、TBSのインタビューで2030年CO_2「46%削減」について）

毛沢東の大躍進政策

- **「大製鉄・製鋼運動」**
  専門知識なしの人民による製鉄が大規模に行われたが、品質が悪く使い物にならなかった

- **「四害駆除運動」**
  スズメ等を大量に駆除したが、かえって虫害が増えて農業生産が低下した

- **「密植・深耕運動」**
  伝統農法も近代農法も無視して、非科学的なルイセンコ学説に従った農法を用いて失敗した

英国の研究所GWPFのジョン・コンスタブル氏は、英国の温暖化対策も毛沢東の大躍進政策のような状態に陥っているとして警鐘を鳴らしている。未熟で高コストな技術の大量導入による「大躍進シナリオ」は経済が破綻し失敗する。

強靭な日本をつくる

従前は地球温暖化問題といえば、環境の関係者だけに限られたマイナーな話題にすぎなかった。だがここ2、3年で状況は一変した。急進化した環境運動が日米欧の政治を乗っ取ることに成功したからだ。今や環境運動は巨大な魔物となり、自由諸国を弱体化させ、中国の台頭を招いて、日本という国にとって脅威になっている。

中国に屈せず、グリーンバブルに惑わされず、強靭な日本を造るためには、エネルギー政策はどうあるべきか。

したたかなエネルギー政策が必要

日本政府は２０２０年12月に「グリーン成長戦略」を公表した。そこでは経済と環境を両立させて「２０５０年にCO_2排出の実質ゼロ」を目指すとしている。

日本政府のCO_2ゼロ宣言は、プロパガンダの発生源である西欧に同調したものにすぎない。また、科学的知見はこのような極端な対策を支持しない。

だが、いったん国の方針とした以上、後戻りは難しい。すると課題はこれをどう解釈し対処するか、である。

菅首相はCO_2「実質」ゼロを目指すと述べた。「実質」とは「日本の技術によって海外で削減されるCO_2も含める」という意味だ。

これを弾力的に解釈するほかない。

つまり、製造業を強化し、経済成長を図ることで、あらゆる技術の進歩を促すべきだ。温暖化対策技術は、それを母体として生まれる。これを「上げ潮シナリオ」と呼ぼう。

世界でなかなかCO_2が減らないのは削減コストが高いからだ。良い技術さえできれば問題は解決する。

例えば今、LED照明は補助金がなくても性能・価格の実力で普及しており、既存の電灯を代替して大幅にCO_2を減らしている。今後も、例えば全固体電池（電解質を液体から固体に置き換えた電池）が期待される。電気自動車も実力で普及できるようになるだろう。

日本はこのような真っ当なイノベーションを担うべきだ。それに向かって政府の役割は基礎研究への投資等、多々ある。

だが一方で、日本を高コスト体質にしてはならない。かつて政府は太陽光発電を強引に普及させた。結果、電気料金は高騰した。いま流行りの洋上風力、水素発電等も、いたずらに大量導入を目指せばその二の舞になる。日本の製造業がイノベーションの真の担い手になるためには、電気料金は低く抑えねばならない。

これには原子力も石炭火力も重要だ。よい技術さえあれば世界中でCO_2は減る。日本のCO_2排出量は世界の3％にすぎない。その程度を減らすのは、経済を犠牲にせずとも日本発の技術でできる。

以上をまとめると、次のようになる。

第1に、安定・安価なエネルギーで経済力を高めねばならない。このために、原子力、石炭火力は堅持すべきだ。

第2に、「気候危機」はリベラルのフェイクにすぎないが、首相が言明した以上、「2050年CO_2実質ゼロ」という目標に対しても整合性ある絵を描かねばならない。だがそのために日本産業が高コスト体質になり衰退してはならない。解として「日本発の技術によって世界全体でCO_2を削減することで達成する」としよう。それに向けて、CO_2回収・貯留（CCS）・直接空気回収（DAC）なども含め、様々な技術開発を進める。

第3に、有事に対するエネルギー安全保障は万全でなければならない。再生可能エネルギーとLNGに頼った電源構成では脆弱なことは2021年初めの電力危機ではっきり露呈した。日本全国で電力が逼迫し、各電力会社が電力を融通し合う綱渡りで、まさにいつ停電が起きてもおかしくない状態が続いたのである。

再生可能エネルギーはいざというときに天候が悪ければ使い物にならない。LNGは貯蔵しにくい。対照的に、いちど燃料を装荷すれば1年以上持つ原子力、石炭を貯蔵できる石炭火力の重要性が明らかになった。

石油については、イランとアラブ諸国の紛争などによって、中東からの供給がいつ止まるか分からない。その際には中国との石油の争奪競争も勃発することとなる。

エネルギー供給源を多様化すること、とりわけ友好国からの輸入を維持したり増やしたりすることは、これまで以上に重要になる。政策的に、石油・ガスは北米等からの調達を増やし、石炭は豪州等からの調達を維持すべきだ。

その際は連邦政府だけでなく、州政府や事業者とも長期にわたる契約を結び、あらゆるレベルで友好的な関係を維持することが望ましい。それによって北米や豪州で政権交代があってもブレずに供給を受けることができる。やや割高になるとしてもそれは安定供給のための保険料と思えばよく、国が負担すればよい。

ウィンストン・チャーチルは、英国海軍の燃料を本土の石炭から海外の石油に替えるに当たり、供給源の「多様性」こそが安全保障の要だとした。この箴言《しんげん》を噛みしめる時だ。

開発途上国の石炭事業に協力すべき

国際的なエネルギー政策について1点だけ述べておこう。日本をはじめ先進国はいま石炭火力事業から撤退しつつある。だが注意すべきは、その間隙《かんげき》の多くは中国が埋めるであろうことだ。これはかつてダム事業で起きたことでもある。

石炭火力のような、大きなインフラ案件には、単なる商売とは一段違う、国際政治上の意味合いがある。そこではトップレベルの政治家や官僚の信頼が醸成され、事業者や労働者が国際交流を深める。これにより二国間関係は深まる。日本はきちんとインフラ整備に寄与することで、尊敬を勝ち得て、諸国と親交を結ぶことができるのだ。

このためには、当該の途上国が望む事業であれば、できるかぎり前向きに取り組むことが望ましい。なにも石炭火力事業だけを何が何でもやれというのではない。当該途上国の資源の保有状況や経済状況において、そのさらなる経済開発に資するために、もしも石炭火力事業として魅力あるものが提案できるならば、それは実施すべきだろう、ということだ。

もしも当該途上国が真に石炭火力事業を欲しているときに、「それは我が国の方針ではない」と言って対応しないならば、二国間の関係にとって損失となる。

もしも当該国が日本ではなく中国の事業者を選んだならば、それはその国と中国の関係が一歩深まることを意味する。中国はその国の政治・行政・民間レベルへの影響力を高め、その国は親中的な立場をとるようになる。これは中国が一帯一路政策で狙っていることそのものだ。わざわざその手助けを日本がするのだろうか。

日本はインフラ事業を通じて、アジアをはじめ諸途上国と親交を結び、その経済発展が自由で平和なものになるよう支援すべきだ。そのためには、日本は石炭火力を含めてメリットある選択肢を示すことに徹し、何が持続可能な開発に資するかの判断は、当該国に任せるべきである。

米国は超党派で技術開発

共和党の反対などで米国の温暖化対策はあまり進まないという見通しを述べたけれども、

技術開発だけは例外で、超党派で推進する機運がある。日本も技術開発には力を入れているから、この点において日米協力を深めるとよい。

温暖化対策のためにも、経済成長のためにも、イノベーション、すなわち、新技術の発明とその大規模な普及は本質的に重要である。だが現実には、優れた技術が存在するにも拘わらず、反対運動によってその普及が阻まれることが多い。

ＩＰＣＣ等の国際機関でも特に注目されている技術として、太陽光・風力発電以外に、①原子力、②ＣＣＳ、③バイオエネルギーがある。

このうち、原子力発電には反対運動が根強い。ＣＣＳについても、とくに近年になって、化石燃料を利用すること自体が「自然」ではない、という理由で反対運動が起きている。バイオエネルギーについても、土地を多く利用するので、生態系保全に悪影響がある、として反対運動がある。

このような反対運動は一理ある場合もあるが、大半は感情的なものである。つまり運動家が「自然」だと思うものについては是であるが、そうでなければ非、というものである。この判断は主観的であり、合理的なリスク評価の視点がない。

現実にはどのような技術にも何らかのリスクがある。そして、その技術を使わなければ、別のリスクが生じる。そのようなリスクトレードオフを合理的に計算することが求められているのに、多くの運動家はその視点を欠いている。

もともと大幅にCO_2を減らすということは、既存の社会経済システムに大きく手を加えることだから、何らかのリスクが生じることは避けようがない。それを受容するつもりがないなら、CO_2の排出をリスクとして受け入れるしかない。

最も極端なのがドイツの政策だ。ドイツの方針は、脱石炭と脱原子力を同時に進める、というもので、これだけでも無謀だった。だがここに来て、2章で触れたように風力発電についても風当りが強くなり、景観・騒音・野鳥被害のため陸上ではなく遠い洋上に設置する、という方向性になった。つまり陸上では禁止に近いニュアンスになった。送電線建設も反対運動に遭って進まない。CCSも禁止、バイオテクノロジーにも反対が根強い。

これではロシアの天然ガスに頼るしかなくなるのだが、これはドイツのエネルギー安全保障を脆弱化させるのみならず、地政学的に欧州におけるロシアの立場が強化されるという別の大きなリスクを背負うことになる。さらには天然ガスですら、CO_2が出るからダメだという意見が出てきた。「2050年ゼロエミッション宣言」を本気で考えるともちろんそういう論理的帰結になるのだが、これでは現実的な解がない。

だが米国は違うようだ。２０２０年春、21世紀政策研究所の招聘で来日した、民主党政権に仕えＣＯＰでの国際交渉経験もあるエリオット・デリンジャー氏と、意見交換をする機会があった（同研究所と有馬純研究主幹の厚意に感謝する）。

その際、今後の米国政治の担い手が共和党・民主党のいずれになるにせよ、あらゆる技術を利用するという「technology inclusive」なアプローチを米国は採ることになる、という見通しを示した。

氏の分析では、民主党内にはサンダース氏のような「反原発・２０３０年までに再生可能エネルギー１００％」という極端な意見もあるが、これは少数意見で、多くの民主党候補者は既存の原子力と、革新的な原子力技術の双方を推進するとしている（化石燃料利用については、補助金をなくす、という表現に留まっており、シェールガス開発・輸出も暗黙裡に認めている）。

共和党も、ことイノベーションの推進に関しては、温暖化対策に前向きである。

このように米国は、イノベーションについては超党派のサポートがある。象徴的なのは、トランプ政権下において、大統領は温暖化対策の研究開発費を削減しようとしたにもかかわらず、議会は逆に増額したことだ。これによって、世界においてこれまでで最も先端的なＣＣＳの導入補助プログラムが実施された。

脱炭素技術の日米連携

また米国ではバイオテクノロジーが発達している。すでに飼料用のトウモロコシ・大豆などはそのほとんどがバイオテクノロジーを利用している。政治力も強い農家は主要な受益者であり、今さらバイオテクノロジーを否定することはあり得ない状況になっている。

そして日本ではまだほとんど知られていないが、バイオテクノロジーは、実は温室効果ガスの大幅削減には最重要な技術である。これには二つの理由がある。

第1に、木材などの植物を、石油や天然ガスなどの化石燃料の代替として用いるためだ。植物は燃料、バイオエネルギーとして利用されたり、あるいは原料としてプラスチック生産に利用されることが期待されている。残念ながらいずれも今のところは高価であるが、今後その生産性を飛躍的に高めるためには、遺伝子組み換え・遺伝子編集を含むバイオテクノロジーが活躍する。

第2に、温室効果ガス排出の実に3分の1が人間の食料供給に付随するものであるため、その排出量を大幅に減らすためにもバイオテクノロジーが必須なのだ。欧州の影響を受け、日本でも遺伝子組み換え技術への反対運動が根強いが、これは温暖化対策の主要な柱をみすみす潰すことになっている。

米国でももちろんアンチテクノロジー的な反対運動はある。しかし、政策決定者のレベルにおいては、あらゆる技術を推進する必要があることは、よく理解されている、とデリンジャー氏は言う。

対照的にEUでは、「タクソノミー」と呼ばれる方法等で、どのような技術が環境に良いか悪いかという分類を行政が手がける傾向が強い。しかし、このようなやり方は米国にはなじまない、との分析だった。企業には情報公開を求めるが、政府が任意に技術を選ぶことはしないだろう、とのことだった。

日本の環境運動はEUからの強い影響を受けて、アンチテクノロジー色が強くなっている。反原発、反バイオテクノロジー、反化石燃料、反、反、反……といった具合である。だがこれはドイツの轍を踏むことであり、そこに解はない。すでに確立している原子力発電とバイオテクノロジーの普及を図ることに加え、あらゆる技術の開発と普及を進める必要がある。

デリンジャー氏は当時、仮にパリ協定に米国が戻る場合には、イノベーションを旗印にすることは間違いないだろう、と述べた。バイオテクノロジーに関する態度が鮮明に分かれているのと同様、温暖化対策技術についても、米国は「あらゆる技術」を推進するテクノロジー・インクルーシブ・アプローチであり、対してEUはアンチテクノロジーという姿勢である。日本がどちらと連携すべきかは自明であり、それは米国だろう。

そしてこの連携は、日本国内にあるアンチテクノロジーの雰囲気を一変させるのに役立つだろう。米国もそれを歓迎するであろうし、日本も現実的な温暖化対策ができるようになる。そして、その連携は、現実的な温暖化問題の解決のロールモデルとなって、世界にも福音をもたらすだろう。

温暖化対策の二つのシナリオ

温暖化対策の将来の展開を、二つの異なるシナリオとして提示しよう。

大躍進シナリオ

まずは失敗のシナリオ「大躍進シナリオ」から述べる。

英国の研究所GWPFのジョン・コンスタブル氏は、同国の急進的な温暖化対策を、毛沢東の大躍進政策になぞらえて警鐘を鳴らしている。

大躍進とは、毛沢東が1958年から3年間にわたり実施した、破滅的な政策であった。

・「大製鉄・製鋼運動」では、専門知識なしの人民による製鉄が大規模に行われたが、品質が悪く使い物にならなかった。

・「四害駆除運動」では、スズメ等を大量に駆除したが、かえって虫害が増えて農業生産が低下した。

・「密植・深耕運動」では、伝統農法も近代農法も無視して、メンデル遺伝学とダーウィン進化論を否定するルイセンコ学説に従った農法を用いて失敗した。

これらの運動では、3年で英米に追いつくといった野心的な（＝無謀な）農工業の生産量数値目標が掲げられ、虚偽報告が横行した。その結末は経済破綻であり、飢饉による死亡者は3000万人以上とも言われる。

失敗の理由は明らかだ。それは、

・科学、技術、経済の現実を無視した実現不可能な目標と政策

・熱狂的・排他的な教義、思想統制

・計画経済、統制経済

であった。

コンスタブル氏は英国の温暖化対策もこのような状態に陥っているという。

英国は「2050年CO_2ゼロ」を達成するためとして、「2030年洋上風力4000万kW」等の再生可能エネルギー大量導入目標を立てている。これで電力価格の高騰が確実な一方で、その高価になった電気を消費する電気自動車を大量導入し、家庭はヒートポンプの大量導入等で電化しようとしている。これを規制・税・補助金で実現しようとしているが、GWPFはこのコストは世帯当たり1000万円を大きく超えるもので、経済の破綻は確実だとする。

国民がどの技術を使うべきかを政府が決定する統制経済は、大躍進政策と同様に必ず失敗する、とコンスタブル氏は指摘する。

さて日本では、菅首相が2050年CO_2実質ゼロを「目指す」と宣言した。

もしもそれが、数値目標を国内企業に割り当て、規制・税による強制や、補助金のばらまきによってCO_2ゼロを達成することを目指す「大躍進シナリオ」ならば、経済破綻は必定となる。

上げ潮シナリオ

次に本章冒頭でも触れたが成功するシナリオ、「上げ潮シナリオ」について述べる。

それは技術開発に注力して、「アフォーダブル（手頃）なCO_2削減技術」を生み出し、世界全体でそれが普及することで、CO_2削減が進む、というものだ。

いま世界でCO_2削減が進まないのは、そのコストが高過ぎるからだ。アフォーダブルな技術さえできればCO_2は問題なく減らせる。ＬＥＤや全固体電池については先述した。

太陽電池は現状ではコストが高い。だが今後確実に今より安く性能が良くなる。これには例えば、ペロブスカイトという結晶構造の材料を用いたペロブスカイト太陽電池などの新技術が有望視されている。ゆくゆくは太陽電池とバッテリーとの組み合わせがアフォーダブルなものになり、僅かな政策的後押しで普及できるかもしれない。

ではこのような「アフォーダブルなCO_2削減技術」はどうすれば生まれるか。

必要なのは「イノベーティブな経済」だ。最新の技術は、特定の政策ではなく、経済全体の協同から生まれる。鍵となるのは、市場の力と裾野の広い製造業基盤である。

市場の力が必要なのは、技術進歩には現場での試行錯誤が不可欠だからだ。例えばバッテリーは、モバイル機器用途、自動車用途、電力需給調整用途など、さまざまなマーケットで鍛えられて進歩を続けている。

裾野の広い製造業基盤は、最新技術の母体である。ふたたびバッテリーを例にすると、まず材料には全固体電池一つをとっても無数のバリエーションがあり、これの製造技術（薄膜製造、粉体技術等）や計測技術（電子顕微鏡、光学散乱等）も数多くある。計算技術（スーパーコンピューター、AI、量子計算機）も駆使して材料を分析し、設計する。こうした技術は、製造業全体の中に幅広く分布しており、その総合力で新技術が生まれる。

このとき政府がなすべきことに、民間だけでは不足する基礎研究や実証試験への投資がある。だが一方で、気をつけなければならないのは、未熟な技術を任意に選び、規制による強制や補助金のばらまきで強引に普及させてはいけないということだ。日本は太陽光発電を強引に普及させて、結果として電気料金が高騰した。これは経済に悪影響を与え、製造業基盤を損なった。

CO_2削減を名目とした政府の経済統制は、イノベーションを阻害するので、むしろCO_2削減のためには逆効果なのだ。

よくある反論として「これで確実に2050年にCO_2はゼロになるのか？」というも

のがある。そんな約束は、もちろんできない。

そもそも「２０５０年CO_2ゼロ」自体が、毛沢東の大躍進の数値目標と同様で、科学、技術、経済を無視した、荒唐無稽な目標にすぎないからだ。

だが少なくとも、「上げ潮シナリオ」は「大躍進シナリオ」よりも、イノベーションの本質に根差し経済的・技術的・科学的に優れた方法だと言える。

アフォーダブルな技術さえあれば、世界中で容易にCO_2を減らせる。日本のCO_2排出量は世界の３％にすぎない。その程度を日本発の技術で相殺するぐらいのことは期待できる。

政府がすべきこと、すべきでないこと

ここまでで、イノベーション政策の提言としては、
・「大躍進シナリオ」に陥らないようにすること
・「上げ潮シナリオ」を採るべきこと
を述べた。

また、菅首相の「２０５０年CO_2〝実質〟ゼロを目指す」の解釈としては、「アフォー

ダブルな技術の開発を通じて、世界全体でのCO_2削減によって」目指す、と解釈すべきであることも述べた。

政府の役割は、上げ潮シナリオに沿って一言で言えば、世界にも類まれな日本の製造業基盤を活性化して、科学技術全般のイノベーションを、経済成長との好循環に於いて実現することである。その上で、科学技術全般のイノベーションの成果を刈り取る形で、温暖化対策技術のイノベーションを促せば良い。

この実現のために政府が成すべきことは多いが、特に、温暖化対策に関連する範囲では、何が重要か。4点に絞って指摘する。

第1に、温暖化対策の名において、経済とイノベーションの好循環を妨げないことである。もちろん、政府がしなければならないことはいくつもある。だが実は、政府は「余計なことをしない」というのも、大事な点である。政府が温暖化問題を解決すると言えば、英雄的に聞こえる。しかし実際には、「政府の失敗」も多い。何度も述べてきたが、再エネ全量買取制度（FIT）によるPV（太陽光発電）の導入は電力価格を高騰させた。これは日本産業の体力を奪い、イノベーションの妨げとなった。

なおイノベーションを推進するために過度な政府の介入を控える、という方法は、経済政策としては、何ら新しいものではない。自由経済のイノベーション能力に信頼を置き、政府は裏方に徹するというのは、計画経済との闘争を通じて人類が学んだ、賢明な官民の役割分担である。筆者の意見に新鮮味があるとすれば、これが地球温暖化問題の解決策としても正解であろう、と論じる点にある。

第２の政府の役割であるが、技術開発の補助等による推進も、もちろん、一定の役割を果たす。これには、当然、温暖化対策技術の推進も含まれるが、温暖化対策技術だけではなく、より広範な技術開発をするべきであり、それが結局は革新的な温暖化対策につながることも多いだろう。いずれの場合も、補助の対象は基礎研究から実証段階までに絞るべきであり、普及段階に及んではいけない。また経済に悪影響をもたらさぬよう、適正規模で実施する必要がある。

第３に、急速に進む科学技術全般のイノベーションに対して、その可能性を最大限に活かすよう、そして新しい技術の導入を妨げることがないよう、タイミングよく制度を改革するという裏方仕事こそが、政府にしかできない、政府がやるべき重要な仕事である。

これには、例えば、自動運転車・リモート教育・リモート診療の導入を可能にする規制体系の整備等、枚挙に暇がない。これらのイノベーションは、ふつうは経済的便益を主目的とするものであり、直接にはCO_2の削減を目的とするものではないが、やがて大幅な削減を可能にする、という視座を持って進めるとよい。

第4に、イノベーションの成果を刈り取る形で、安価になった温暖化対策技術の普及を図ることである。安くて良い技術さえ手にすれば、政策手段は奇をてらう必要はない。官僚制度が肥大化したり問題が政治化して費用が膨大になるといった弊害を小さくするためには、排出量取引等の大袈裟な制度を新たに導入するのではなく、企業の自主的取組、技術実証の補助、省エネに関する技術基準の設定といった、昔ながらの政策手段の方がよい。

日本企業のイノベーションのために

温暖化対策については技術開発を中心にするとよい、と書いた。日本政府も温暖化問題をイノベーションによって解決するとしている。イノベーションとは基本的には経済成長を伴いつつ科学技術が総合的に進化する過程であり、政府が全てを担うわけではない。政府はどちらかと言えば脇役だが、それなりの重要な役割がある。

革新的環境イノベーション戦略とは

環境問題に関連する日本のイノベーション政策にはいくつかあるが、執筆現在でその核になっているのは、「革新的環境イノベーション戦略」（令和２年１月21日統合イノベーション戦略推進会議決定。以下「戦略」とする）である。従って、まずはこの概要を見てみよう。「戦略」はその目的を次のように述べている。

・非連続なイノベーションにより社会実装可能なコストを可能な限り早期に実現することが、世界全体でのＧＨＧ（温室効果ガス）の排出削減には決定的に重要である。

・今般、長期戦略に基づき策定する「革新的環境イノベーション戦略」は、

①16の技術課題について、具体的なコスト目標等を明記した「イノベーション・アクションプラン」、

②これらを実現するための、研究体制や投資促進策を示した「アクセラレーションプラン」、

③社会実装に向けて、グローバルリーダーとともに発信し共創していく「ゼロエミッション・イニシアティブズ」、から構成されている。

・世界のカーボンニュートラル、更には、過去のストックベースでのCO_2削減（ビヨンド・ゼロ）を可能とする革新的技術を2050年までに確立することを目指し、長期戦略に掲げた目標に向けて社会実装を目指していく。

「戦略」をフォローアップするグリーンイノベーション戦略推進会議では、第3回会合で、2050年に向けた正味ゼロ排出のイメージが提示された。そこでは「脱炭素社会に必要な技術」として、CCUS、（水素からの）合成メタン、（水素からの）合成石油、産業部門での水素利用、大気CO_2直接回収（DAC）の5つを例示している。

「戦略」の予算であるが、令和2年度予算額2959・3億円から、令和3年度概算要求額は3732・3億円への増額となっている。この金額は日本の研究予算全体と比べるとまだ小さい。しかし、大学、公的機関、非営利団体の予算規模と比較すると、すでに無視できない金額となっている。

菅政権のもとで、これに10年間で2兆円の基金が追加された。これは年間2000億円だから、いま予算総額は6000億円規模に膨らんでいる。

「戦略」からは、二つの日本の強みを読み取ることができる。それは、①裾野の広い製造業基盤に根差しており他国が容易に真似できるものではなく、日本が独自の貢献を果たすこと、②世界に通用する技術の開発を通じて、日本国内だけでなく世界規模での問題解決を図ることができる、ということである。

「戦略」には日本ならではの特徴がある。それはきわめて多岐にわたるものでありながら、そのあらゆるテーマについて実際に技術開発や製造に携わる企業や人材が国内に存在するということだ。

日本では「何でも自前で技術開発や製造ができる」のは当然のごとく思われていて、日本の強みであることが看過されがちであるが、こういったことを単独の国でできる能力がある国はごく僅かである。

日本の製造業基盤の強みはＭＩＴ（マサチューセッツ工科大学）の経済学者セザー・ヒダルゴ氏によって研究されている。日本には化学産業や機械産業などの多様な製造業の集積がある。そしてそこで生産される製品は、計測機器、ハイテク素材、製造機械など他国に真似ができない精密な加工や複雑な工程を経ているものが多い。ヒダルゴ氏はこのことを「輸出製品の複雑性」を測定することで定量化し、日本が世界ランキング１位であるとした。

このように多様な産業からなるネットワークの発達の程度は「経済複雑性指標」と呼ばれる。そのランキングで日本は過去一貫して世界1位である。残念ながらビジネスの競争では負けることはあるけれども、まだまだ日本の製造業には地力があるのだ。

日本の強みはここにある

分厚く多様な産業の集積（＝経済の複雑性）を有していることは、温暖化対策イノベーションを生み出す格好の母体となる。

というのは、どのような温暖化対策技術であっても、温暖化抑制を直接の目的とはしない、多様な技術を組み合わせて利用することで作られるからだ。

そこでは必ず、何らかの、①部品・材料が用いられ、②加工され、③計測されて、④計算機が援用される。次にそのいくつかを見てみよう。

①部品・材料

風力発電機は、多くの部品からできている。それは、それぞれを得意とする部品メーカーによって供給されている。羽根（ブレード）は炭素繊維強化プラスチック（ＣＦＲＰ）

でできているが、これは日本の化学メーカーも供給してきた。ＣＦＲＰは自動車・鉄道・船舶、工業・建築等、多様な用途に取り入れられているからだ。

風力発電の装置であるナセルの中に使われる軸受けについても、やはり日本メーカーも供給してきたが、これは自動車部品製造による技術の蓄積が活用されている。

あるいは、ブラウン管から置き換わることで大変な省エネ効果をもたらした液晶ディスプレイや、リチウムイオン電池、太陽電池はどうか。これらには、多くの機能性フィルムが積み重ねられている。機能性フィルムの役割は様々で、熱、光、水分、電気、分子などの透過・遮断、保護、接着等がある。機能性フィルム自体はもちろん用途に応じて開発するが、製造工程は類似していて、一つのメーカーが多様なものを供給している。

②加工技術

切断・穴あけ・曲げ等の加工技術には様々あるが、ここではレーザー加工を見てみよう。

材料加工用レーザーの用途には、金属の切断・溶接などのマクロ加工と、半導体・電子部品等のミクロ加工がある。今後、さらに高出力のレーザーを実現していくことで、フィルムや金属箔といった材料だけでなく、半導体材料、結晶基板、ガラス、セラミックス、Ｃ

ＦＲＰ等、様々な産業用材料の微細かつ高品位な加工が可能になる。レーザーによるミクロ加工は、情報機器の一層の小型化・高性能化をもたらす。これは同じ電力当たりでの計算量を増やすから、省エネになる。

　また、レーザー加工によってＣＦＲＰ等の多様な材料の活用が可能になり、これは部品の軽量化を通じた省エネにつながる。

③計測機器

　世間一般で科学技術の研究というと顕微鏡のイメージがあるが、研究の過程においては、何か実験や試作をするたびに、顕微鏡のみならず多様な計測機器を用いて、物質の大きさ、温度、硬さ、その他多様な物理的・化学的な性質を測定し、矯《た》めつ眇《すが》めつ観察することになる。また、このような計測は研究のみならず、工場での製品の品質管理においても必須である。半導体製造工程では、無数の微細加工技術が活用されているが、これは同じく電子顕微鏡等の無数の微細な計測技術に支えられている。逆に言えば、微細計測技術があって初めて微細加工技術が進歩し、それによる省エネも可能になってきた。

④計算技術

現代の技術開発では、計算機が幅広く利用される。部品・材料の開発では、分子サイズでの第一原理計算から、プラントや製品サイズの強度の計算や空気抵抗の計算まで、様々なスケールでのシミュレーションが行われる。これによって、材料や製品の性質を理解し、その製造方法の検討や、性能向上が図られる。

このように、温暖化対策技術と言っても、一皮むけば、温暖化を直接の目的とはしない多様な技術を組み合わせて利用し開発されている。

もっと一般的に言うと、諸技術は、生物のような「生態系」を成して進化する。すなわち、ある技術は、他の諸技術を組み合わせて利用することで生み出される。次いで、その新しい技術がまた利用されて、別の技術が生み出されていく。

この時、生み出される技術がCO_2を削減する技術である場合がある。CO_2の削減技術というのは、諸技術が進歩していく中で、たまたま、ついでに起こることのようにも見える。

もちろんこれは少し言い過ぎで、CO_2を削減するための技術には、それに特化した技術開発が必要である。ＣＦＲＰと言っても、船舶用途のものと風力発電用途のものは異なる。機能性フィルムも、他の用途のものがそのまま太陽電池に使えるわけではなく、新たな研究が必要だった。

しかし一方で、仮に他産業でＣＦＲＰが発達していなかったら、風力発電用にそれが利用されるのは大きく遅れただろう。これは他のどの温暖化対策技術でも同様である。例えば、太陽電池の技術開発には、半導体産業やフラットディスプレイ産業で培われたあらゆる技術が活用された（専門的には、技術のスピルオーバーがあった、という言い方をする）。

今後どのような革新的な温暖化対策技術が生まれるにしても、その恰好の母体となるのは裾野の広い製造業基盤である。ここに日本の強みがある。この製造業基盤をいかにして活躍させるか、ということがイノベーション政策の最重要な眼目になる。

世界に日本の技術を広めればよい

「戦略」では技術テーマごとに世界規模でのCO_2削減ポテンシャルを試算している。例えばＣＣＳでは80億トン／年、太陽光発電では70億トン／年となっている。

この試算は多くの前提を置いた概算ではあるものの、莫大な量である。日本のCO_2排出量12億トン／年を大幅に上回るものだ。日本の排出量は世界全体の３％しかないために、日本の排出量を減らすよりは、世界全体に日本の技術を広めたほうが削減量は多くなる。もちろん現状ではまだコストが高いので世界に普及はしない。技術開発を進めアフォーダブルなものにすることが、世界規模でのCO_2削減にいかに有効なことか、よく解る。日本はＣＣＳも太陽光発電も技術開発をしている。これには前述の強い製造業基盤が活用されている。

将来についての可能性だけではなく、過去にも、実際に大幅なCO_2削減に有効な技術開発に日本は寄与してきた。有名な例を挙げると、ＬＥＤ（赤﨑勇、天野浩、中村修二氏らの発明）、リチウムイオン電池（吉野彰氏らの開発）、ハイブリッド自動車（トヨタ自動車の開発）がある。この三つへの寄与だけでも、おそらくすでに世界のCO_2の３％ぐらいは削減する効果があったのではないか。

もちろん、技術が開発され、普及するに至るには、様々な国が関わるので、「日本の寄与」によるものがどのくらいかを算定するのは難しい。しかし、算定が難しいからと言って、本質的なものから目を逸らすのは適切ではない。地球規模でCO_2排出を削減したければ、アフォーダブルな技術の開発こそが最も重要なのである。

さて、ここまでは良いことずくめに見えたイノベーション推進の政策だが、実施にあたっては注意すべき点がある。

イノベーションは本質的に予測不可能であり、政府の計画通りにうまくいくとは限らない。このことを見誤ると巨大な浪費になることがある。

政府の計画が失敗した例としては、例えば英仏共同開発の超音速旅客機コンコルドがある。かつて諸国は超音速旅客機の技術開発競争にしのぎを削った。それはボーイング747等の大型旅客機に取って代わることが期待されていた。

だが現実にはコンコルドは普及せず、コストも高く、2003年には退役した。1969年に初飛行をしたボーイング747は今日でも主力の旅客機である。結果として海外旅行にかかる飛行時間は過去50年間にわたりあまり縮まっていない。

もう一つの例としてはフランス政府のミニテルがある。これはインターネットのさきがけのようなもので1979年に運用開始された。フランスの900万世帯に端末が配られた。だがインターネットが登場すると競争に敗れ、2012年にサービスを停止した。

「革新的環境イノベーション戦略」にある技術は野心的なものが多いだけに、アフォーダブルな技術になるところまで行き着くかどうかというと、かなり難しそうなものが多い。

実際のところ、「戦略」にある技術開発テーマは、すでに過去30年にわたり日本で実施してきたにもかかわらず、アフォーダブルな技術と言えるまでには行き着いていないものが多く含まれている。これが今後30年で実現するという保証はどこにもない。

もちろん、挑戦することは大事である。とくに近年はＡＩ・ＩｏＴ（モノのインターネット）や材料技術などの「汎用目的技術（general purpose technology）」が急速な発達を遂げており、これを受けて今後の環境エネルギー分野におけるイノベーションが大いに進捗する可能性がある。

だが技術開発に失敗はつきものである。とくにスケールアップして普及段階に入ると、コンコルドやミニテルのように失敗も大規模になるので、注意が必要になる。

予算規模については「戦略」の予算は年間６０００億円程度となっている。現状のように、技術開発と実証事業を主に実施している限りは、予算規模はこの程度に留まるのが自然であるし、この金額であれば国としてのエネルギーのコスト全体から比較するとそれほど多くはない。

今後、特に費用を気にしなければいけないのは、技術の普及段階の政策である。先に「グリーン成長戦略」に関する危惧を述べたように、普及段階となると、費用が巨額になりうることは既存の政策を見ても分かる。

例えば太陽光発電などの全量買取制度では、いま年間総額2・4兆円の賦課金が発生、非効率石炭火力の9割削減は年間7000億円の便益の喪失になる。洋上風力発電を2030年までに1000万kW導入すると、コスト低減が進まない限り、年間約8500億円の追加費用が発生するかもしれない。

技術の普及段階の政策は、その費用についての注意が必要になるということだ。

2章で述べたように2050年にCO_2をゼロにしようとするとコストは国家予算に匹敵するものになる。もちろんこれは実行不可能であり、そのような高コスト技術の普及を意図した政策は実施すべきではない。技術が普及するためには、イノベーションによってコストが低減しアフォーダブルになることが大前提である。

炭素税はイノベーションに有害である

温暖化対策として、税収中立で、経済全体を対象とした大型の炭素税が理想型であるという論者がいる。しかしこれは機能しない。

まず、炭素税は現実にはCO_2比例の税にはならない。炭素税を構想するといっても、政治的配慮の帰結として、エネルギー多消費産業の石炭・石油、中小企業・地方企業用石油、家庭用の灯油、農・漁業用石油など、多くの部門や燃料について減免されることになるだろう。政治的調整として減免は避けて通れないため、結果として炭素税はCO_2排出量に比例しなくなる。

その一方で、電気には高い炭素税が課されるとなれば、石油などの化石燃料の直接燃焼から電気へのシフトを阻むことになる。大規模な排出削減を目指すには、最終的には電気へのシフトが望ましいことには立場を超えて広く見解の一致がある。だが、これではまるで逆効果になる。

さらに国際競争上の懸念がある。日本でエネルギー多消費産業というと、製鉄、セメント、石油化学、製紙業等となっていて、エレクトロニクス産業は入っていない。だが例えば台湾では、TSMCなどのエレクトロニクス産業はエネルギー多消費産業に分類されている。今後の経済成長の中核と目されるICT（情報通信技術）関連産業でも、実は電力消費量は大きい。先進諸国でのICT関連の電力消費は、全電力消費の約1割に達しているとみられている。

3Dプリンタも原料製造・レーザー加工・空調など、電力を多く消費する。大型計算機もデータセンターも電力を大量に消費する。また、フィンテック（ファイナンス・テクノロジー）などに活用される重要技術であるブロックチェーンには、暗号情報処理を行うマイニングという工程がある。これは電力多消費で、日本では電力価格が高く採算が合わないという。

今、マイニングの大半は中国で実施され、これは電力価格が安いことが大きな理由という。このようにエネルギー多消費の業態や工程は時代によって変わるものであり、それがイノベーションの中核的な担い手になることも多い。

どのように注意深く減免税を調整したとしても、やはり多くのエネルギー多消費の業態や工程にとっては、炭素税が国際競争上の負担となり得る。このため、いわゆるエネルギー多消費産業のみならず、広範な産業において、生産の海外移転、経済成長の阻害、イノベーションの停滞といった弊害が起きることが懸念される。

さらに「ガラパゴス化」の懸念もある。すでに日本のエネルギー価格は国際的に見て高い水準にあるが、これに高い炭素税を課すると、世界、特に新興国との価格差はさらに開く。この結果、日本は海外と異なるエネルギー設備・機器を使うことになるだろう。先進的な省エネルギー機器が導入され、普及するといえば聞こえはよい。だが、日本の製造業が特殊な国内市場を対象にしてガラパゴス化し、世界市場を失う危険もある。

過去に、トップランナー制度やエコポイント制度の下で省エネに邁進した日本の家電メーカーであるが、世界市場では韓国・中国勢に負けてしまった。この轍を踏む危惧がある。

減免税を伴う形で税収中立の炭素税を導入することは、一定の省エネを促しうる。しかし、どのように注意深く実施しても、エネルギー多消費な業態・工程の海外への移転も促してしまう。これは地球規模では無意味であるのみならず、日本の製造業の生態系を弱体化させるものであり、国民経済にとっても、イノベーション（これには温暖化対策イノベーションも内包される）にとっても望ましくないであろう。

仮にエネルギー価格が低すぎれば、省エネの動機は生まれない。もし価格が低くエネルギー効率も低い国であれば、炭素税、排出量取引制度などカーボンプライシングによって、全体のエネルギー価格水準を引き上げることは適切な政策となる。ただし、これは現在の日本には当てはまらない。

カーボンプライシングによって、経済とエネルギー安全保障に大きな悪影響を与えることなく排出削減を進めるための条件は、①もともとのエネルギー価格水準が国際的に見て低いこと、加えて②低コストかつエネルギー安全保障を損なわない排出削減手段が存在すること、である。米国のSOx（硫黄酸化物）取引制度においては、低硫黄炭を鉄道輸送して高硫黄炭を代替することができ、この条件が満たされた。

カーボンプライシングを全否定するのは明らかな誤りである。日本も将来においては、カーボンプライシングが機能する状況はあり得るかもしれない。例えば、現在よりも電力のCO_2排出原単位が大幅に下がるとすれば、国民経済に大きな負担をかけないよう注意しつつ、電気によって化石燃料の直接燃焼を代替していくために、炭素税が機能し得るかもしれない。

ただし、このためには、今後実施される電気の低炭素化が、電力価格の高騰を招かないよう、注意深く実施されていることが前提条件となる。例えば再生可能エネルギー推進が性急に過ぎた結果として電力価格が高騰してしまうと、電化を進めようとして炭素税を導入しても、効果は相殺されてしまい、電化は進まない。

国によっては、現在においてもカーボンプライシングの導入が適切な場合もある。また将来は、日本でもカーボンプライシング導入の条件が満たされる可能性はある。だが現在の日本においては、炭素税、排出量取引制度のいずれも、その導入は適切ではない。

サプライチェーンに生き残る方法

日本の産業界は、菅義偉首相の「２０５０年CO_2実質ゼロ」宣言以来、温暖化問題で浮足立っている。また海外のＩＴ企業等がサプライチェーンにもCO_2ゼロや再生可能エネルギー１００％導入を求めると聞いて動揺している。近頃では日本政府に２０３０年の再生可能エネルギー比率を高める要望を出す企業も増えてきた。

だが太陽光発電にしろ、風力発電にしろ、バイオマス発電にしろ、火力発電や原子力発電に比べれば遥かに高額だ。これは誰が負担するのか？

もしもこの費用は再エネ賦課金等の形で他の企業に負担させて、そのCO_2や再エネとしての価値を安く買って、他のすべての企業の犠牲のもとに自分だけ生き残ろうというのであれば、ずいぶんと利己的な話だ。

そうではないというなら、自分で費用を全額支払ってでも再エネ１００％にしようという意思のある企業はどれだけあるのだろうか？　ここで言う費用とは、もちろん補助金漬けで安価になっている見かけの費用のことではなく、現実に社会全体として負担している費用のことである。これは平均発電費用だけではない。再エネを接続するための送電網の増強などの、電力システム全体にかかる費用だ。

本当に自分で費用を全て負担する用意があるというなら、国に頼らずとも、自前で電気を調達すればすむことだ。今では「CO_2ゼロ」電気や「再生可能エネルギー」電気を売る企業はたくさんある。それでも足りなければ、だれでも電気事業に参入できるのだから、そうすればよい。

国全体として経済とのバランスを考えるならば、現在進行中のエネルギー需給見通しの見直しにおいて最も重要なことは、日本はこれ以上高コスト体質になってはならない、ということだ。だから、2030年の再生可能エネルギー比率を高めることには慎重になるべきだ。もしも比率を高めたいというならば、それにかかる費用がどの程度になるかはっきりさせるべきだ。十分に安価になるならば別に反対しない。だが一定の費用がかかるであろうから、それが受容可能かよく検討し、制度設計に当たってはその費用が決して膨らむことのないようにすべきだ。

「それでは海外IT企業等のサプライチェーンから外される」という意見がある。だが本当にサプライチェーンに残りたいなら、何よりもまず、コストこそが最重要課題だ。CO_2がゼロであろうが、再生可能エネルギーが100％であろうが、高コストではそもそもサプライチェーンに残れない。

そして、冷静に競合相手を見てみることだ。日本と競合してさまざまな部品を供給しているのは、中国を筆頭に、アジアの開発途上国がその大半である。これらの国々は日本以上に化石燃料に大きく依存している。CO_2や再生可能エネルギーを理由に日本企業をサプライチェーンから外すというなら、いったいどこの企業から調達するというのか？

それに、海外のＩＴ企業自体がやっていることも、よく確認するとよい。CO_2ゼロや再エネ１００％と言っていても、その費用を全額負担しているわけではなく、他の国民に多くを負担させて調達している事例がほとんどだ。これがいつまで長続きするかは、気まぐれに移ろい易い政策次第である。

また物理的な裏付けがあるとも限らない。たいていの場合はCO_2排出権を買ってきたり、再生可能エネルギー証書を買ってきたりして帳尻を合わせている。

「日本はフランスやスウェーデンなどに比べて火力発電が多いから再生可能エネルギーを大量導入すべきだ」という意見も誤りだ。そもそも送電線が密につながっているＥＵから一国だけを取り出すところが間違っている。ＥＵを全体としてみるならば日本と発電燃料の構成はあまり変わらず、原子力、石炭、天然ガス、水力、太陽光、風力、などはそれぞれ一定の割合を占めている。米国も同様だ。もしも国際競争上で必要とあらば、日本の製造業が日本国内でもCO_2ゼロの電力を安価に調達できる制度的な手当てをすればよいことだ。

政府を頼みにするだけでなく、日本企業も必要に応じて、海外の支店でCO_2排出権を買ったり、再生可能エネルギー証書を買ったりして、国内と通算して帳尻を合わせればよい。無理に国内だけですますよりも、その方が安上がりになる。COPなどの国際交渉の場では「排出権の国際移転」と言った途端に面倒な議論が始まるが、私企業であるサプライヤーが世界全体のどこで排出権や証書を買って帳尻を合わせても、海外IT企業がそれをことさら問題にするとは思えない。

むしろ、海外IT企業の側で排出権や証書をサプライヤーに売るサービスを始めるのではないか、と筆者は予想している。というのは、海外IT企業自身が大量に排出権や証書を調達するスキルを身につけつつあるのみならず、品質が良く安い部品であれば、どの国の製品であれ、何とかして買おうとすることは間違いないからだ。

メディアに煽られパニックに陥るのではなく、どのような政策と企業戦略のセットがありうるのか、冷静に検討したいものだ。

コラム

九州発の製品を世界に送るために

九州では太陽光発電（ＰＶ）の導入が進み、２０１８年5月3日、一時的に電力需要の81％に当たる６２１万kWがＰＶで賄われた。九州電力では、ＰＶの発電量を予測し、それに合わせて火力発電所の出力を調整したり停止させたりして、電力需給のバランスを図っている。中央給電指令所では、かつて主に気温から需要予測をしていたが、今では天候、日射量からの再生可能エネルギー発電予測も併せて実施するようになり、その役割は大きく変わった。

これ以上ＰＶを増やすと、その出力を抑制する場面も出てこざるを得ない。さらなる導入拡大のためには、一層のコスト低減や、バッテリーの大幅な進歩などによる間欠性の解決が課題である。これはすぐにはできないが、２０３０年とか50年といった、地球温暖化問題で語られるタイムスパンであれば、十分に希望がある。

九州には地熱資源も豊富である。阿蘇山の北にある八丁原《はっちょうばる》発電所をはじめ、九州電力は21万kWを擁する。日本全体では現在の52万kWから30年には150万kWにする目標が立てられている。ただし、長期的にはもっと期待ができる。日本は地熱発電の資源量では世界3位と言われ、うまく開発すれば水力発電に匹敵する発電量になるという試算がある。九州は、中でも有望である。

地熱発電は、技術的には化石燃料による発電に対してもコスト競争力がある。しかし、有望な立地地点が国立公園内にあるために、開発には制約が多く、また温泉業や観光への配慮もあり、開発はあまり進んでこなかった。

実際には、地熱発電所は遠目には気付かないぐらい目立たない。設備はさほど大きくないし、景観には配慮して建てるからだ。湯煙は出るが、天然の温泉と区別がつかない程度だ。PVがずらりと並ぶ風景や、風力発電のぐるぐる回る羽根に比べるならば、景観への影響はわずかである。熱源も異なるので温泉への影響も少なく、むしろ発電後の排熱を使って温水供給をして、地域の温泉業や農業との共生をしてきた。

ということで、将来的には地熱発電にも大いに期待が持てる。ただしこれは、景観、温泉、観光など、大事な諸利益との調整を経て、地元との信頼関係を築きながら事業をする、責任感のある企業が実施すべきものであろう。

九州には森林資源も豊富にある。バイオマス発電も、資源的・技術的に、化石燃料発電に対してコスト競争力があるはずだ。しかし現実には、これも国の補助で導入が図られてきた。バイオマス発電に価格競争力を持たせるためには、林業の活性化が課題である。九州の地理的・資源的状況であれば、林業は十分競争力のある産業になるはずであり、その残渣《ざんさ》として得られるバイオマス燃料は、安価かつ大量に入手できて、バイオマス発電もコスト競争力をもち得る。

だが現実には、日本の林業は政府補助に頼っており、活力がない。このためバイオマス発電をしようにも、燃料を安定して安価に得ることができない。

将来の九州のエネルギーというとき、安価で安定したエネルギーとすることは極めて大事である。かつて九州には、半導体工場などが多く立地したが、今ではかつての勢いはない。対照的に台湾では、電子産業は全電力消費の18％を占める最大の電力多消費産業に成長した。

残念ながら、日本ではこれは起きなかった。理由は多くあるけれど、台湾では安定・安価な電力が供給されていたことが、コスト競争力に寄与したことは間違いない。今、ＡＩ（人工知能）、ＩｏＴ（モノのインターネット）などの発達で、世界中で設備投資が起きている。ぜひ、これを九州で実現してほしい。それには安定・安価な電力は一つの条件となる。

このためには、原子力や石炭火力発電の役割がやはり重要である。再エネは、長期的にはコストを増加させることなく導入を拡大できると期待するけれども、拙速はいけない。これまでのところ、ＰＶ、地熱発電、バイオマス発電のいずれも、巨額の補助で強引に発電量を増やそうとして失敗してきた。短期的な利益を求める多くの事業者が入り込み、景観や安全に考慮しない形で乱開発がなされた。また高コストで小規模な事業者が増え、電気料金の高騰も招いた。

大分市のホテルから海の方を見ると、製鉄所、化学工場、発電所などが艦隊のようにずらりと並び、その手前に市街地が横たわっていて、重工業がこの町の発展の基軸であったことがうかがい知れた。それは過去から現在まで、多くの人々の営みがしのばれる、尊い景観だった。これから何十年かたつと、どのような景観になるだろうか。

エネルギー政策の舵取りを間違えず、九州発で世界に愛される製品をつくり続けていってほしい。

おわりに　人類は精神も家畜化したのか

色濃く漂ってきた民主主義の後退と独裁国家の伸長。私たちはそれを「恐れるべき傾向」ととらえているが、民主主義の推進のためには人類自身の資質が求められる。だが歴史を見れば、自らを「家畜化」することで独裁に従う姿勢を進んで示してきたこともあったのだ。果たして、人類に民主主義を担い続けてゆく資質はあるのだろうか。

人類は本当に〝進化〟しているのか？

古来、人々に自由で独立した思考と精神が無いことを嘆く思想家は多かった。だがそれは、人類の生得的な性質なのかもしれない。

人類は多くの動物を家畜化してきた。ヒツジ、ヤギ、ウシ、ウマ、イヌ、ネコなどである。この過程では共通の現象がいくつも見られた。外見は丸くてぶよぶよになり、体毛も体色も薄くなり、ブチ模様などになった。進化の過程で、外敵や厳しい気候から身を守る厚い皮革や色素は無用なものとなり、脱ぎ捨てられたのだ。この過程は「家畜化」と呼ばれる。

人類は自分自身も家畜化したことは、よく指摘されるようになった。外見はやはり丸くてぶよぶよになり、体毛はなくなり、色も薄くなった。このことは「自己家畜化」と呼ばれている。

のみならず、家畜化の過程は、外見だけでなく、人間の内面も変えたはずだ。人類の精神はどのように変化したのだろうか。

よく言われる仮説としては、人間は相互に協力することを覚えた。それによって、生産性を高め、大いに栄えた、というものである。複雑な相互協力を確立する過程で人類の脳は大きくなった、というのは社会脳仮説と呼ばれている。

ただここには、人間の善性を無批判に肯定しようというポリティカル・コレクトな価値観が入り込んでしまっているのではないか。

人類が本来は自由意志をもった個人からなり、その自発的な協同によって繁栄したというのは、今の民主主義を肯定する上では大変に便利な仮説である。人類に生得的にそのような性向があるとすれば、民主主義の社会は安定的であろう。

しかしながら、自己家畜化が、他の動物と同様な形で人類の精神に及んだ可能性もあるのではないか。

家畜化の過程で、動物は性格が従順になった。ヒツジは臆病になった。ウマは鞭うたれて走るようになった。イヌは人にしっぽを振るようになった。

だとすれば、人間も家畜のごとく扱われるようになって、家畜のような性格になったのではないか。ならば、人々の大半を家畜のごとく扱う社会というものも、これまた安定的なのかもしれない。

人類を家畜のように扱った歴史

人類を家畜のごとく扱う社会というのは珍しくない。古代から中世の王朝では、奴隷は必ず存在した。王様以外は全員奴隷という王朝もあった。戦争で負けた方は奴隷にされるというのも普通だった。奴隷は身分として何世代にもわたり固定化することもあった。

身分制度の中には、ある民族が上位階級となり、他の民族が下位階級となるものが多くあった。インド、中国、朝鮮半島などではそのような制度が延々と続いてきた。

このときの王や上位階級の、奴隷や下位階級に対する仕打ちや、その精神的な態度は、家畜に対するものとあまり変わらなかったことも多かった。

下位階級に属していれば、自我が強かったり、反抗的であれば、殺される。すると残ってゆく子孫は、従順に、卑屈になってゆく。だとしたら、これはヒツジやウマの進化の過程とまったく同じである。

逆に上位階級に属していたら、容赦なく下位階級を支配し続けることが繁栄のための条件になるから、他人の痛みなどいちいち感じることがない、あるいはそれに快楽を覚えるような、おぞましい性格に進化しても不思議はない。人類は敵であれば残忍に殺したり奴隷化したりすることに躊躇しないことが多々あった。ならば、その矛先が下位階級に向かったとしても何ら不思議はない。

そうすると、世界は横暴な独裁者と臆病な隷属者から構成されることになり、上位階級ではサディズム的な性格が、下位階級ではマゾヒズム的な性格が形成されてゆくことになる。

さて民主主義の思想家は、人々が自由を放棄して、隷属に走る傾向があることを指摘し、嘆いてきた。

このことは、人が権力や金の誘惑に弱く、自由で独立した思考を放棄しているものだとして道徳的に非難されてきた。

だがここでの思想家の暗黙の前提は、人類とは元来自由を好む「はず」だということで、これは民主主義の暗黙の前提でもあるが、ここには科学的な根拠は何らなかった。

もしも多くの人々が、生得的に臆病で、日々の安寧だけを願い、権力と金に従順であるとするならば、つまりは人類が家畜のごとく進化したとするならば、それは実際に、人類の大半が家畜同然に扱われることで起きたのではないか。

とくに、固定化した身分制度のもとで、何世代にもわたって家畜同然に扱われた人々には、その性格の家畜化が起きていても生物学的には不思議がない。

「自由」と「隷属」どちらが人間の本性なのか

以上のように、独裁者や奴隷として進化した人類がいた一方で、自由で独立した個人が存在し、互いに協力するような社会の担い手として進化した人類もいたであろう。というのは、そのような社会も、近代を待たずとも、石器時代以来、世界の至る所に存在し続けてきたからだ。

では人類は生得的にどちらなのか。独裁者と奴隷なのか、自由で平等な市民なのだろうか。正解は、両方の性質を兼ね備えている、ということであろう。日本人の多くは大陸の征服者であった遊牧民族の遺伝子と、征服された農耕民の遺伝子を持っている。他方で、日本人の別の祖先である縄文時代の狩猟採集民はもっと平等だったかもしれない。

なお、かつては狩猟採集社会では人々は平等で、生産物の余剰を蓄えることができるようになった農耕社会では階級が発生したとする見解があったが、今ではそれほど単純ではないことが分かっている。例えばサルの社会でも階級は存在し政治闘争がある。

さて人類の本性は善か悪か、ということは、孟子《もうし》・荀子《じゅんし》の論争以来、哲学者の好みの話題であった。

現代になると、このテーマが進化論的に、科学的に分析されるようになった。例えばスティーブン・ピンカーは、暴力が歴史的に減少したのは、人間の生得的な善が生得的な悪に打ち勝ってきたためだ、とした。

では人類は、民主主義を担えるのか。

人類は、生得的に「自由で平等な市民」であるという、民主主義にとって望ましい資質を持っている一方で、「邪悪な独裁者と臆病な奴隷」であるという、おぞましい資質も併せ持っている。

われわれのなすべきことは、望ましい資質を伸ばし、おぞましい資質を抑制するよう、教育、文化、制度を整えてゆくことだ。

民主主義は、常に前進すべく漕ぎ続けなければならない。油断をすると、我々の内なる悪魔が頭をもたげ、独裁と隷属の時代が来るかもしれないからだ。

2021年5月　杉山大志

●参考資料

本書に関連する一層専門的な検討については以下の拙著を参照されたい。

『地球温暖化問題の論考―コロナ禍後の合理的な対策のあり方』（2021年）

『地球温暖化のファクトフルネス』（2021年）

『地球温暖化問題の探究―リスクを見極め、イノベーションで解決する』（2018年、以上amazon.co.jp他で電子版及びペーパーバックを販売中）

●参考文献

Fasihi, M., Efimova, O., & Breyer, C. (2019). Techno-economic assessment of CO 2 direct air capture plants. Journal of Cleaner Production, 224, 957–980. https://doi.org/10.1016/j.jclepro.2019.03.086

Hourdin, F., Mauritsen, T., Gettelman, A., Golaz, J. C., Balaji, V., Duan, Q., … Williamson, D. (2017). The art and science of climate model tuning. Bulletin of the American Meteorological Society, 98(3), 589–602. https://doi.org/10.1175/BAMS-D-15-00135.1

Kiehl, J. T. (2007). Twentieth century climate model response and climate sensitivity. Geophysical Research Letters, 34(22), L22710. https://doi.org/10.1029/2007GL031383

Lindzen, R. (2016). GLOBAL WARMING and the irrelevance of science The Global Warming Policy Foundation. Retrieved June 5, 2019, from https://www.thegwpf.org/content/uploads/2016/04/Lindzen.pdf

Lindzen, R. (2017). Straight Talk about Climate Change. Academic Quest, 30, 419–432.

McKitrick, R., & Christy, J. (2020). Pervasive Warming Bias in CMIP6 Tropospheric Layers. Earth and Space Science, 7(9). https://doi.org/10.1029/2020EA001281

Mulargia, F., Visconti, G., & Geller, R. J. (2018, January 1). Scientific principles and public policy. Earth-Science Reviews. Elsevier. https://doi.org/10.1016/j.earscirev.2017.09.007

Zhao, M., Golaz, J. C., Held, I. M., Ramaswamy, V., Lin, S. J., Ming, Y., … Guo, H. (2016). Uncertainty in model climate sensitivity traced to representations of cumulus precipitation microphysics. Journal of Climate, 29(2), 543–560. https://doi.org/10.1175/JCLI-D-15-0191.1

ヴォルフガング・ベーリンガー. (2014). 気候の文化史 氷期から地球温暖化まで. 丸善プラネット.

経済産業省、文部科学省. (2019). エネルギー・環境技術の ポテンシャル・実用化評価検討会 報告書2019年6月. Retrieved September 5, 2020, from https://www.meti.go.jp/press/2019/06/20190610002/20190610002-1.pdf

杉山大志（すぎやま・たいし）

キヤノングローバル戦略研究所研究主幹。東京大学理学部物理学科卒、同大学院物理工学修士。電力中央研究所、国際応用システム解析研究所などを経て現職。ＩＰＣＣ（気候変動に関する政府間パネル）、産業構造審議会、省エネルギー基準部会、ＮＥＤＯ技術委員等のメンバーを務める。産経新聞「正論」欄執筆メンバー。著書に『地球温暖化問題の論考―コロナ禍後の合理的な対策のあり方』『地球温暖化のファクトフルネス』『地球温暖化問題の探究―リスクを見極め、イノベーションで解決する』（以上、アマゾン［amazon.co.jp］他で電子版及びペーパーバックを販売中）。

「脱炭素」は嘘だらけ

令和３年６月22日　第１刷発行
令和３年７月15日　第３刷発行

著　　者　杉山大志
発 行 者　皆川豪志
発 行 所　株式会社産経新聞出版
〒100-8077 東京都千代田区大手町 1-7-2
産経新聞社８階
電話　03-3242-9930　FAX　03-3243-0573
発　　売　日本工業新聞社　電話　03-3243-0571（書籍営業）
印刷・製本　株式会社シナノ

ISBN 978-4-8191-1399-1　C0095